はじめに

自分の苦手なところを知って、その部分を練習してできるようにするというのは学習の基本です。

それは学習だけでなく、運動でも同じです。

自分の苦手なところがわからないと、算数全部が苦手だと思ったり、算数が嫌いだと認識したりしてしまうことがあります。少し練習すればできるようになるのに、ちょっとしたつまずきやかんちがいをそのままにして、算数嫌いになってしまうとすれば、それは残念なことです。

このドリルは、チェックで自分の苦手なところを知り、ホップ、ステップでその苦手なところを回復し、たしかめで自分の回復度、達成度、伸びを実感できるように構成されています。

チェックでまちがった問題も、ホップ・ステップで練習をすれば、たしかめが必ずできるようになり、点数アップと自分の伸びが実感できます。

チェックは、各単元の問題をまんべんなく載せています。問題を解くことで、自分の得意なところ、苦手なところがわかるように構成されています。

ホップ・ステップでは、学習指導要領の指導内容である知識・技能、思考・判断・表現といった資質・能力を伸ばす問題を載せています。計算や図形などの基本的な性質などの理解と計算などを使いこなす力、文章題など筋道を立てて考える力、理由などを説明する力がつきます。

チェックの各問題のあとに ホップ1へ! ステップ1へ! などと示し、まちがった問題や苦手な問題を補強するための類似問題が、ホップ・ステップのどこにあるのかがわかるようになっています。

さらに、ジャンプは発展的な問題で、算数的な考え方をつける問題を載せています。少しむずかしい問題もありますが、チェック、ホップ、ステップ、たしかめがスラスラできたら、挑戦してください。

また、各学年の学習内容を14単元にまとめていますので、テスト前の復習や短時間での1年間のおさらいにも適しています。

このドリルで、算数の苦手な子は自分の弱点を克服し、得意な子はさらに自信を深めて、わかる喜び、できる楽しさを感じ、算数を好きになってほしいと願っています。

学力の基礎をきたえどの子も伸ばす研究会

★このドリルの使い方★

チェック

まずは自分の実力をチェック！

答え合わせをしてまちがえたら、問題の ホップ 1 へ!、ステップ 2 へ!

といった矢印を確認しましょう。

※おうちの方へ

……低学年の保護者の方は、ぜひいっしょに答え合わせと採点をしてあげてください。そして、できたこと、できなくてもチャレンジしたことを認めてほめてあげてください。できることも大切ですが、学習への意欲を育てることも大切です。

ホップ と ステップ

チェック で確認したやじるしの問題に取り組みましょう。

まちがえた問題も、これでわかるようになります。

たしかめ

改めて実力をチェック！

ホップ、**ステップ** に取り組んだあなたなら、きっと **チェック** のときよりも点数が伸びているはずです。

ジャンプ

もっとできるあなたにチャレンジ問題。

ぜひ挑戦してみてください。

★ぎゃくてん！算数ドリル　小学４年生　もくじ★

はじめに ……1
使い方 ……2
もくじ ……3

大きな数 ……4
がい数 ……12
わり算 ……20
小数 ……28
わり算（÷2けた） ……36
小数のかけ算 ……44
小数のわり算 ……52
式と計算 ……60
分数 ……68
角 ……76
垂直と平行の四角形 ……84
立体 ……92
面積 ……100
折れ線グラフ ……108

ジャンプ ……116
答え ……128

大きな数

月　　日
名前

1 次の数を数字でかきましょう。 (5点×2)

① 九十二億三千六百五十万七千百八十一
（　　　　　　　　　　　　　　）

② 三十六兆五百五十億九万二十八
（　　　　　　　　　　　　　　）

ホップ 1 へ!

2 次の数を漢数字でかきましょう。 (5点×2)

① 435162781200
（　　　　　　　　　　　　　　）

② 2938175460000
（　　　　　　　　　　　　　　）

ホップ 2 へ!

3 □にあてはまる数をかきましょう。 (5点×2)

① 1億を2500こ集めた数は□です。

② 1兆は1億の□倍です。

ホップ 3 へ!

4 次の数直線の①②の数をかきましょう。 (10点×2)

100億　　200億　　300億

① ＿＿＿＿　② ＿＿＿＿

ホップ 4 へ!

5 0から5までの数字のカードを1回ずつ使って6けたの整数をつくります。 (5点×2)

① いちばん大きい数をつくりましょう。
( )

② いちばん小さい数をつくりましょう。
( )

ホップ 5 へ!

6 次の数を10倍した数、$\frac{1}{10}$にした数をかきましょう。 (5点×4)

① 3000億

10倍 ( )

$\frac{1}{10}$ ( )

② 2兆

10倍 ( )

$\frac{1}{10}$ ( )

ステップ 1 2 へ!

7 次の計算をしましょう。 (10点×2)

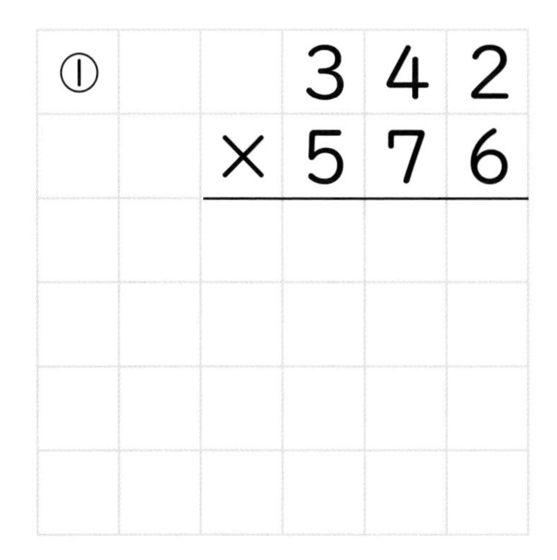

① 342×576

② 398×407

ステップ 3 へ!

大きな数

月　日
名前

1 次の数を数字でかきましょう。

① 六十七億(おく)五千四百九十九万二千三百十六

(　　　　　　　　　　　　　　　　)

② 二十九億七千二百八十五万六千

(　　　　　　　　　　　　　　　　)

③ 三十九兆(ちょう)五百二十七億四十三万八十

(　　　　　　　　　　　　　　　　)

④ 五兆五億五万五

(　　　　　　　　　　　　　　　　)

2 次の数を漢数字でかきましょう。

① 4135689000

(　　　　　　　　　　　　　　　　)

② 7500200010

(　　　　　　　　　　　　　　　　)

③ 162834597200

(　　　　　　　　　　　　　　　　)

④ 5000060000700008

(　　　　　　　　　　　　　　　　)

3 □ にあてはまる数をかきましょう。

① 1億を 150 こ集めた数は □ です。

② 1兆を 1500 こ集めた数は □ です。

③ 1億は 1万の □ 倍です。

④ 2兆は 2億の □ 倍です。

4 次の数直線の①～⑥の数をかきましょう。

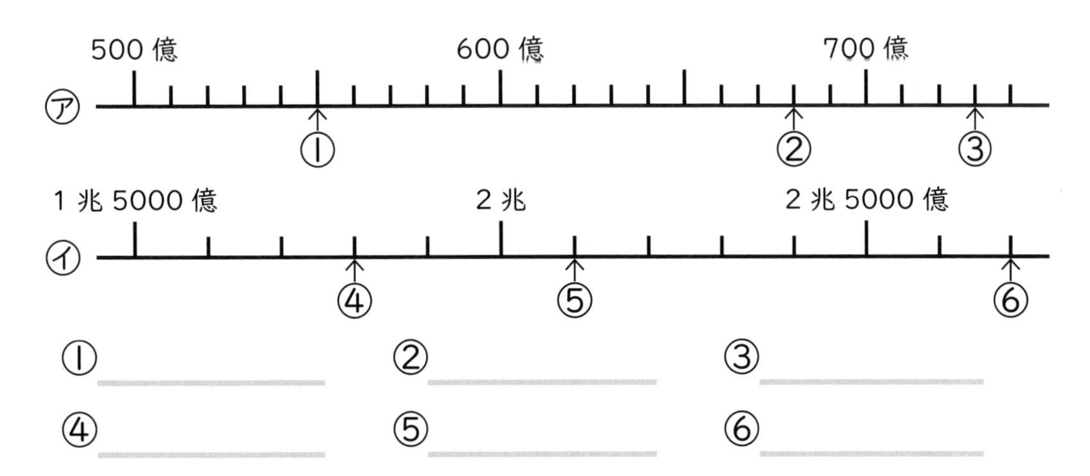

① ＿＿＿＿ ② ＿＿＿＿ ③ ＿＿＿＿

④ ＿＿＿＿ ⑤ ＿＿＿＿ ⑥ ＿＿＿＿

5 0から5までの数字のカードを1回ずつ使って6けたの整数をつくります。

① いちばん大きい数は、数字の大きい順(じゅん)にならべた 543210 です。2番目に大きい数をつくりましょう。

（　　　　　　　　）

② いちばん小さい数は、0が先頭にできないので 102345 です。2番目に小さい数をつくりましょう。

（　　　　　　　　）

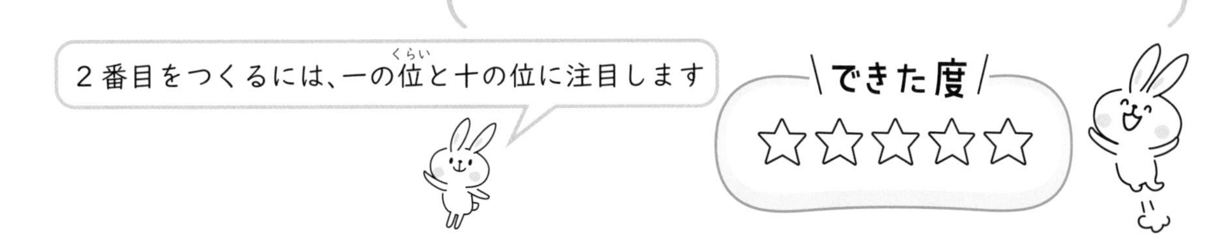

大きな数

月　　日
名前

1 次の数を 10 倍した数をかきましょう。

① 20 万
(　　　　)

② 400 万
(　　　　)

③ 70 億(おく)
(　　　　)

④ 990 億
(　　　　)

⑤ 5000 万
(　　　　)

⑥ 2500 万
(　　　　)

⑦ 7000 億
(　　　　)

⑧ 8500 億
(　　　　)

2 次の数を $\frac{1}{10}$ にした数をかきましょう。

① 400 万
(　　　　)

② 7000 万
(　　　　)

③ 560 億
(　　　　)

④ 8400 億
(　　　　)

⑤ 3 億
(　　　　)

⑥ 2 億 5000 万
(　　　　)

⑦ 5 兆(ちょう)
(　　　　)

⑧ 6 兆 5000 億
(　　　　)

3 次の計算をしましょう。

① 174 × 256

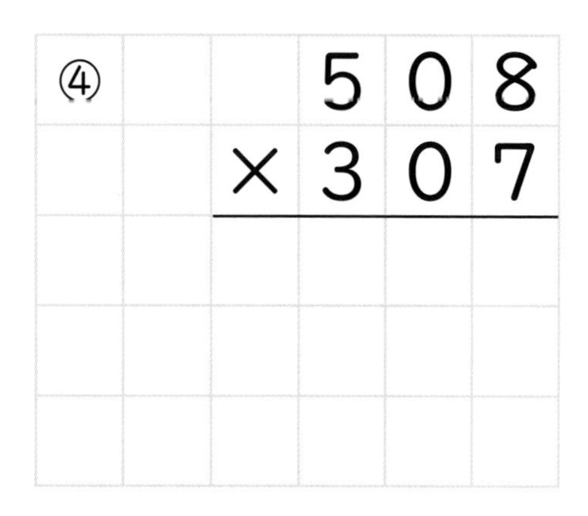

② 625 × 854

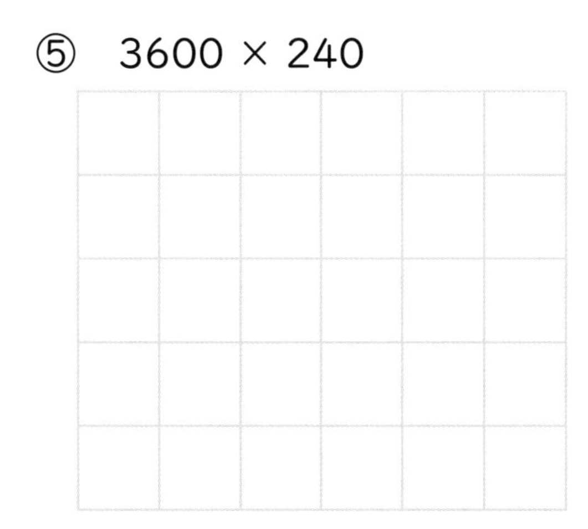

③ 345 × 409

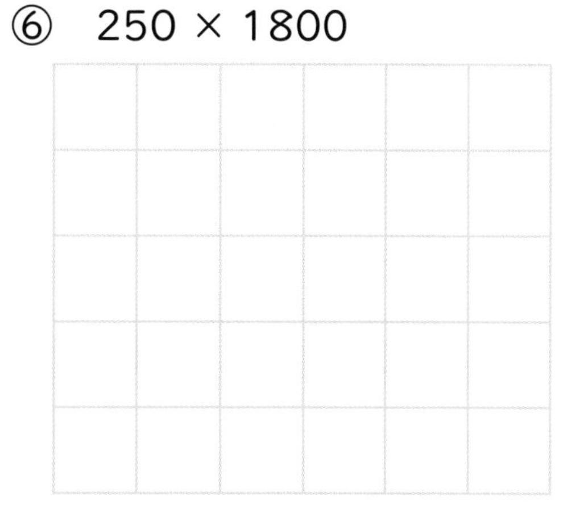

④ 508 × 307

⑤ 3600 × 240

⑥ 250 × 1800

大きな数

月　　日
名前

1 次の数を数字でかきましょう。 (5点×2)

① 八十八億二千七百三十万四千百十九
(　　　　　　　　　　　　)

② 六十三兆四百二十億五万七十三
(　　　　　　　　　　　　)

2 次の数を漢数字でかきましょう。 (5点×2)

① 132054987000
(　　　　　　　　　　　　)

② 4575632000000
(　　　　　　　　　　　　)

3 □にあてはまる数をかきましょう。 (5点×2)

① 1億を3200こ集めた数は□です。

② 5兆は5億の□倍です。

4 次の数直線の①②の数をかきましょう。 (10点×2)

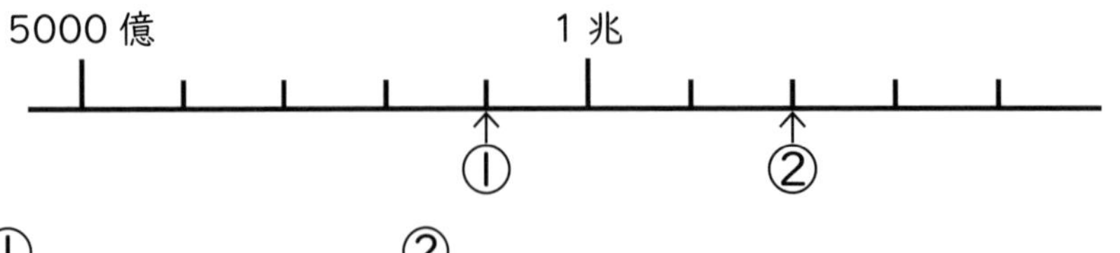

① ＿＿＿＿＿　② ＿＿＿＿＿

5 0から9までの数字のカードを1回ずつ使って10けたの整数をつくります。 (5点×2)

① いちばん大きい数をつくりましょう。
(　　　　　　　　　　)

② いちばん小さい数をつくりましょう。
(　　　　　　　　　　)

6 次の数を10倍した数、$\frac{1}{10}$にした数をかきましょう。 (5点×4)

① 7000億

10倍 (　　　　　　)

$\frac{1}{10}$ (　　　　　　)

② 3兆

10倍 (　　　　　　)

$\frac{1}{10}$ (　　　　　　)

7 次の計算をしましょう。 (10点×2)

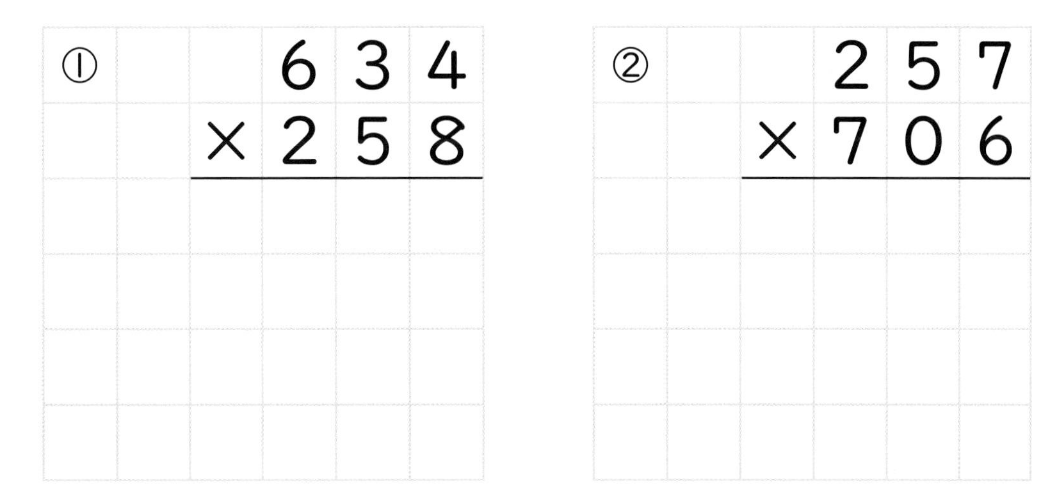

①
$$\begin{array}{r} 634 \\ \times\ 258 \\ \hline \end{array}$$

②
$$\begin{array}{r} 257 \\ \times\ 706 \\ \hline \end{array}$$

チェック

がい数

月　日

名前

1 がい数で表すとよいものを２つ選(えら)び、○をつけましょう。 (5点)

① (　　) 家から駅までの道のり

② (　　) 日本の人口

③ (　　) 50m 走のタイム

④ (　　) 熱(ねつ)が出たときの体温

ホップ 1 へ!

2 百の位(くらい)を四捨五入(ししゃごにゅう)して、がい数に表しましょう。 (5点× 4)

① 1578 (　　　　)　② 3468 (　　　　)

③ 60499 (　　　　)　④ 29800 (　　　　)

ホップ 2 へ!

3 四捨五入して、百の位までのがい数に表しましょう。 (5点× 4)

① 245 (　　　　)　② 379 (　　　　)

③ 5020 (　　　　)　④ 1354 (　　　　)

ホップ 3 へ!

4 四捨五入して、上から１けたのがい数に表しましょう。 (5点× 4)

① 912 (　　　　)　② 860 (　　　　)

③ 7851 (　　　　)　④ 4399 (　　　　)

ホップ 4 へ!

5 1から10までの整数で答えましょう。 (5点×4)

① 8以上の数 (　　　　)

② 3以下の数 (　　　　)

③ 5以上7以下の数 (　　　　)

④ 5以上7未満の数 (　　　　)

ホップ 6 7 へ!

6 四捨五入して、十の位までのがい数にすると50になる整数は、いくつ以上いくつ以下ですか。 (5点)

30　40　50　60　70

(　　　　)以上 (　　　　)以下

ステップ 1 2 へ!

7 遠足の電車代は220円です。
36人の電車代は、およそいくらになりますか。
上から1けたのがい数にして、電車代を見積もりましょう。
(式5点、答え5点)

式

答え

ステップ 3 へ!

ホップ

がい数

月　　日

名前

1 がい数について正しいものに〇をつけましょう。

① (　　) どんな数も、がい数で表したほうがよい

② (　　) スポーツの記録、気温、体温など正かくな数が必要なときは、がい数で表したほうがよい

③ (　　) 長い道のりや国の人口や面積は、正かくな数でなくてもがい数で表してもよい

④ (　　) 百の位までのがい数に表すときは、一つ下の位の十の位を四捨五入する

⑤ (　　) 上から２けたのがい数に表すときは、上から３けためを四捨五入する

2 百の位を四捨五入して、がい数に表しましょう。

① 7890 (　　　　)　② 8375 (　　　　)

③ 14200 (　　　　)　④ 51436 (　　　　)

3 四捨五入して、百の位までのがい数に表しましょう。

① 625 (　　　　)　② 950 (　　　　)

③ 4271 (　　　　)　④ 8919 (　　　　)

4 四捨五入して、上から２けたのがい数に表しましょう。

① 756 (　　　　)　② 622 (　　　　)

③ 5435 (　　　　)　④ 1950 (　　　　)

5 15420を次のような方法でがい数に表しましょう。

もとの数	百の位を四捨五入	百の位までのがい数	上から2けたのがい数
15420			

6 ことばと数直線が正しくなるように線で結びましょう。

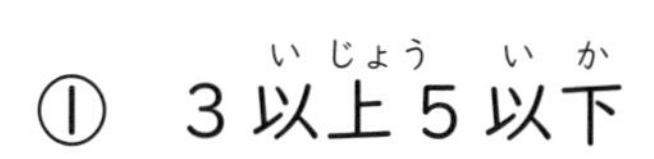

① 3以上5以下　•　　　•

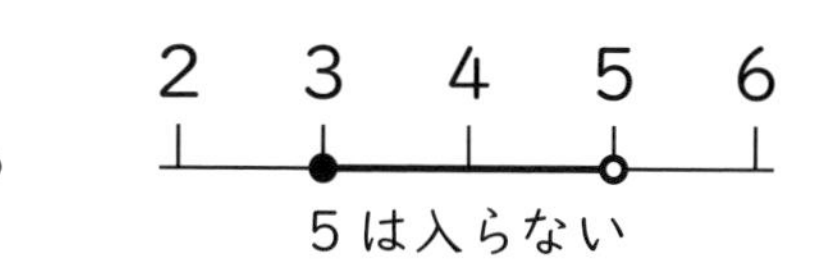

② 3以上5未満　•　　　•

2 3 4 5 6

5は入る

7 10から20までの整数で答えましょう。

① 16以上の数　(　　　　　　　)

② 15以下の数　(　　　　　　　)

③ 12以上15以下の数　(　　　　　　　)

④ 12以上15未満の数　(　　　　　　　)

がい数

月　日
名前

1 四捨五入(ししゃごにゅう)して、十の位(くらい)までのがい数にすると 100 になる整数について考えましょう。

80　90　100　110　120

① ㋐～㋓までの数を、十の位までのがい数にしましょう。

㋐ 95 → □　　㋑ 94 → □

㋒ 105 → □　　㋓ 104 → □

② 十の位までのがい数にしたとき、100 になる整数はいくつ以(い)上(じょう)いくつ以下ですか。

（　　　）以上（　　　）以下です。

2 ななみさんの学校の人数は、上から 2 けたのがい数にすると、500 人になります。

① 何人以上、何人以下ですか。

（　　　）人以上（　　　）人以下です。

② また、何人以上何人未満(みまん)ですか。

（　　　）人以上（　　　）人未満です。

3 次の文を読み、がい数で求(もと)めましょう。

① 1こ498円のおべんとうが、51こ売れました。
上から1けたのがい数にして、売り上げを見積(みつ)もりましょう。

498 → ☐　　51 → ☐

式

答え ＿＿＿＿＿＿＿＿

② 38人でバスを1台借(か)りて旅行に行きます。
バスを借りるのに、39200円かかります。
1人分のバス代は、およそいくらですか。
上から1けたのがい数にして見積もりましょう。

式

答え ＿＿＿＿＿＿＿＿

③ 子ども会の遠足で320円のおかしを、29人分用意します。
上から1けたのがい数にして、おかし代の合計を見積もりましょう。

式

答え ＿＿＿＿＿＿＿＿

たしかめ

がい数

月　日

名前

1 がい数で表すとよいものを２つ選(えら)び、○をつけましょう。（5点）

① （　　）９＋８の答え

② （　　）日本の面積(めんせき)

③ （　　）走り高とびの記録(きろく)

④ （　　）東京から大阪までのきょり

2 百の位(くらい)を四捨五入(ししゃごにゅう)して、がい数に表しましょう。（5点×4）

① 4720（　　　）　② 5274（　　　）

③ 80399（　　　）　④ 69700（　　　）

3 四捨五入して、百の位までのがい数に表しましょう。（5点×4）

① 135（　　　）　② 558（　　　）

③ 2040（　　　）　④ 7096（　　　）

4 四捨五入して、上から１けたのがい数に表しましょう。（5点×4）

① 452（　　　）　② 640（　　　）

③ 3240（　　　）　④ 8999（　　　）

5　1から10までの整数で答えましょう。　(5点×4)

① 7以上(いじょう)の数　(　　　　)

② 4以下(いか)の数　(　　　　)

③ 6以上8以下の数　(　　　　)

④ 6以上8未満(みまん)の数　(　　　　)

6　四捨五入して、十の位までのがい数にすると70になる整数は、いくつ以上いくつ以下ですか。　(5点)

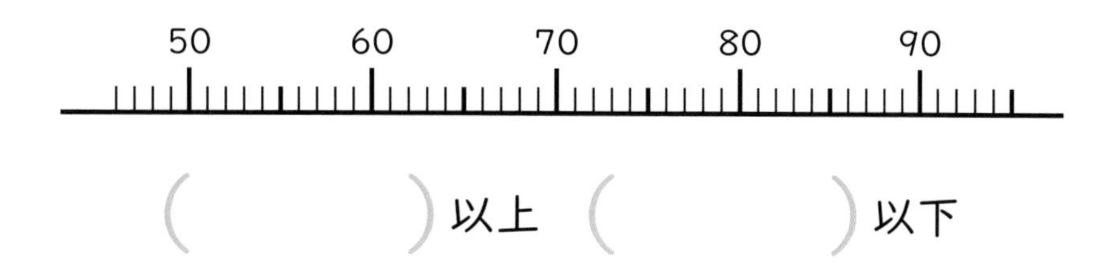

7　遠足の電車代は1人310円です。
29人の電車代は、およそいくらになりますか。
上から1けたのがい数にして、電車代を見積(みつ)もりましょう。

(式5点、答え5点)

式

答え

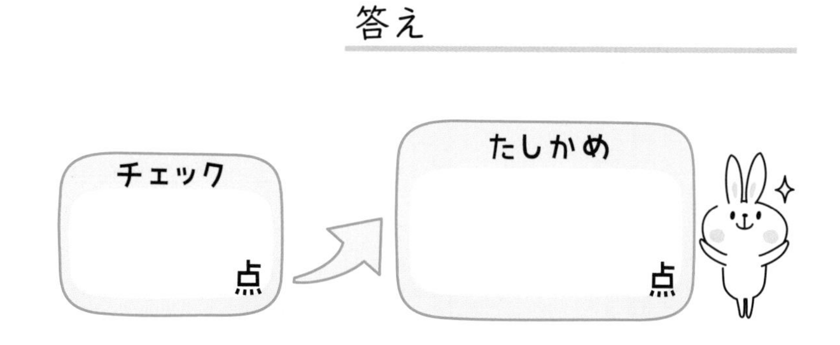

わり算

月　日
名前

1 次の計算をしましょう。　(10点×2)

① 800 ÷ 4 ＝

② 3000 ÷ 6 ＝

ホップ 1 へ!

2 次の計算をしましょう。あまりがある計算もあります。　(5点×6)

① 3)75

② 4)56

③ 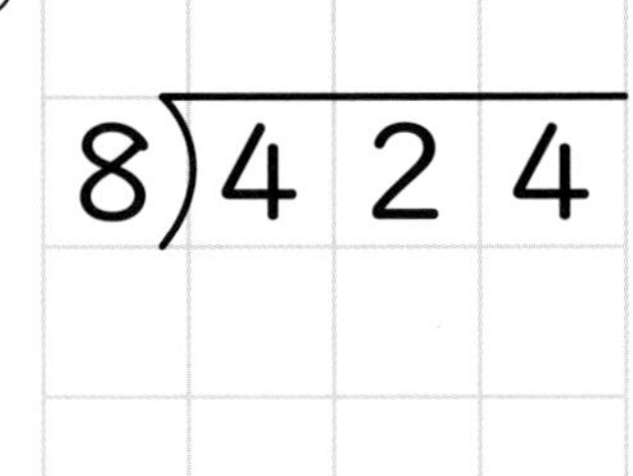
8)424

④ 9)836

⑤ 2)461

⑥ 4)803

ホップ 2 3 へ!

3 次の筆算で、商が十の位(くらい)からたつのは□にどんな数を入れたときですか。あてはまる数をすべてかきましょう。 (10点×2)

① 5)□12

(　　　　)

② □)605

(　　　　)

ステップ 2 へ!

4 140このあめを6こずつふくろに入れます。
何ふくろできて、何こあまりますか。 (式5点、答え5点)

式

答え

ステップ 3 4 へ!

5 折(お)り紙4まいで箱を作ります。
50まいの折り紙では、箱は何こできますか。 (式5点、答え5点)

式

答え

ステップ 5 6 へ!

6 125ページの本を1日8ページずつ読むと、読み終わるのに何日かかりますか。 (式5点、答え5点)

式

答え

ステップ 7 8 へ!

わり算

月　　日

名前

1 次の計算をしましょう。

① 60 ÷ 2 ＝　　　② 90 ÷ 3 ＝

③ 800 ÷ 2 ＝　　　④ 600 ÷ 3 ＝

⑤ 2000 ÷ 5 ＝　　　⑥ 4000 ÷ 8 ＝

2 次の計算をしましょう。あまりがある計算もあります。

①

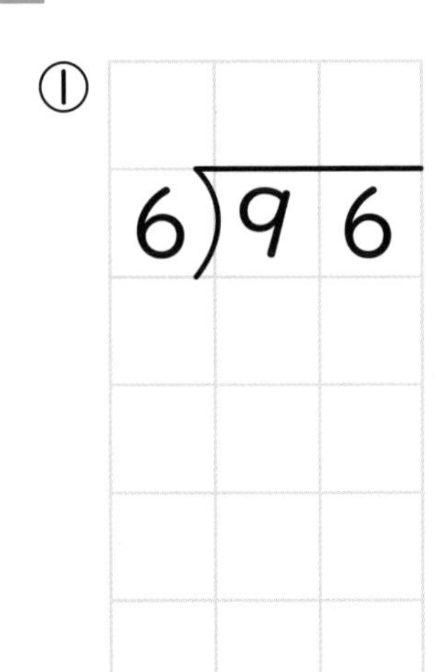

②

5)75

③

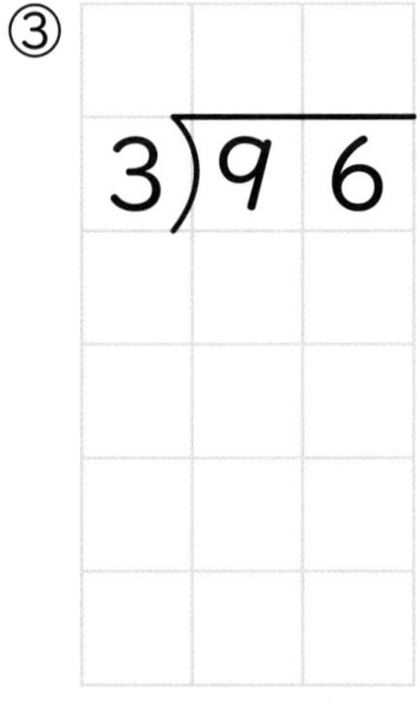

④

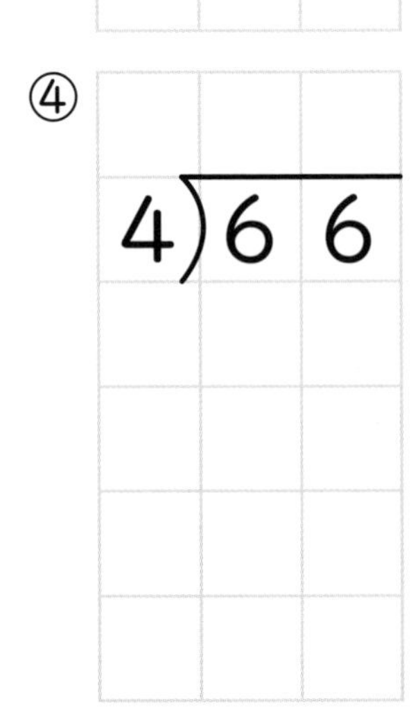

⑤

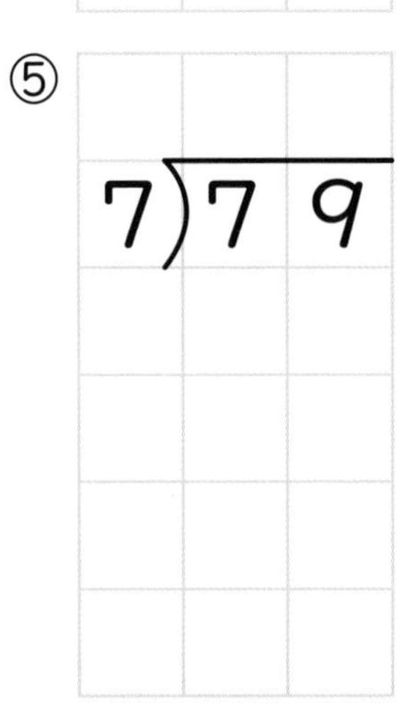

⑥

6)81

3 次の計算をしましょう。あまりがある計算もあります。

① $2\overline{)61}$

② $3\overline{)91}$

③ $8\overline{)84}$

4 次の計算をしましょう。あまりがある計算もあります。

① $3\overline{)232}$

② $8\overline{)697}$

③ $7\overline{)554}$

④ $7\overline{)735}$

⑤ $3\overline{)602}$

⑥ $9\overline{)905}$

＼できた度／

☆☆☆☆☆

わり算

月　日
名前

1　次のわり算で、商が十の位(くらい)からたつものを２つ選(えら)びましょう。

㋐ $4\overline{)356}$　㋑ $4\overline{)527}$　㋒ $4\overline{)745}$　㋓ $4\overline{)298}$

(　　　　)

2　次のわり算で、商が十の位からたつのは□にどんな数を入れたときですか。あてはまる数をすべてかきましょう。

① $4\overline{)\square53}$　② $\square\overline{)721}$

(　　　　)　(　　　　)

3　色紙が380まいあります。4人で同じ数ずつ分けます。
1人分は何まいになりますか。

式

答え

4　250cmのテープを7cmずつ切ります。
テープは何本できて何cmあまりますか。

式

答え

5 53 人が 3 人がけの長いすにすわります。
全員(ぜんいん)がすわるには長いすは何きゃくいりますか。

式

答え

6 タイヤを 4 こ使っておもちゃの車を作ります。
タイヤは 102 こあります。車は何台作れますか。

式

答え

7 200 ページの本を 1 日 9 ページずつ読みます。
何日で読み終わりますか。

式

答え

8 カードを 6 まい集めたら 1 回くじびきができます。
70 まいのカードを持っています。何回くじびきができますか。

式

答え

できた度
☆☆☆☆☆

わり算

月　　日

名前

1 次の計算をしましょう。 (10点×2)

① $900 \div 3 =$　　② $2000 \div 4 =$

2 次の計算をしましょう。あまりがある計算もあります。 (5点×6)

① $3\overline{)45}$

② $4\overline{)96}$

③ $8\overline{)584}$

④ $7\overline{)945}$

⑤ $2\overline{)643}$

⑥ $3\overline{)902}$

3 次の筆算で、商が十の位からたつのは□にどんな数を入れたときですか。あてはまる数をすべてかきましょう。 (10点×2)

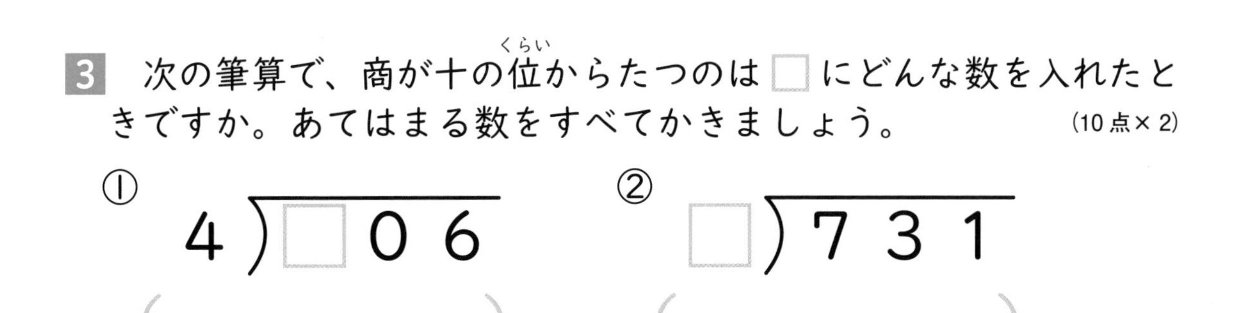

① $4\overline{)\square06}$　　(　　)

② $\square\overline{)731}$　　(　　)

4 100このあめを8こずつふくろに入れます。
何ふくろできて何こあまりますか。 (式5点、答え5点)

式

答え ＿＿＿＿＿＿＿＿

5 折り紙6まいで箱を作ります。
40まいの折り紙では、箱は何こできますか。 (式5点、答え5点)

式

答え ＿＿＿＿＿＿＿＿

6 150ページの本を1日9ページずつ読むと、読み終わるのに何日かかりますか。 (式5点、答え5点)

式

答え ＿＿＿＿＿＿＿＿

小数

月　　日
名前

1 次のかさをＬでかきましょう。 (5点×2)

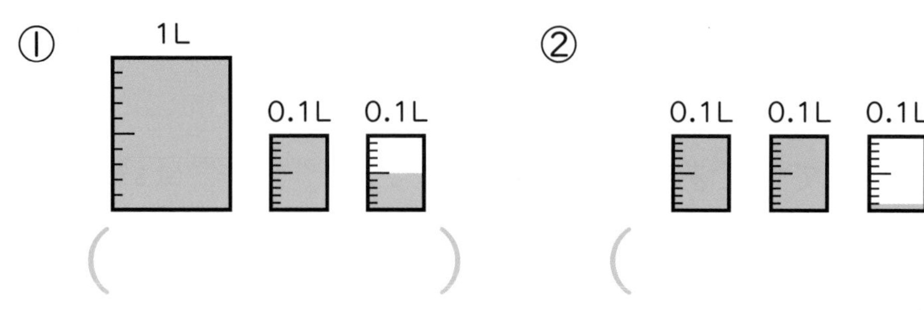

(　　　　)　(　　　　)

ホップ 1 2 へ!

2 ㋐〜㋓の目もりを読みましょう。 (5点×4)

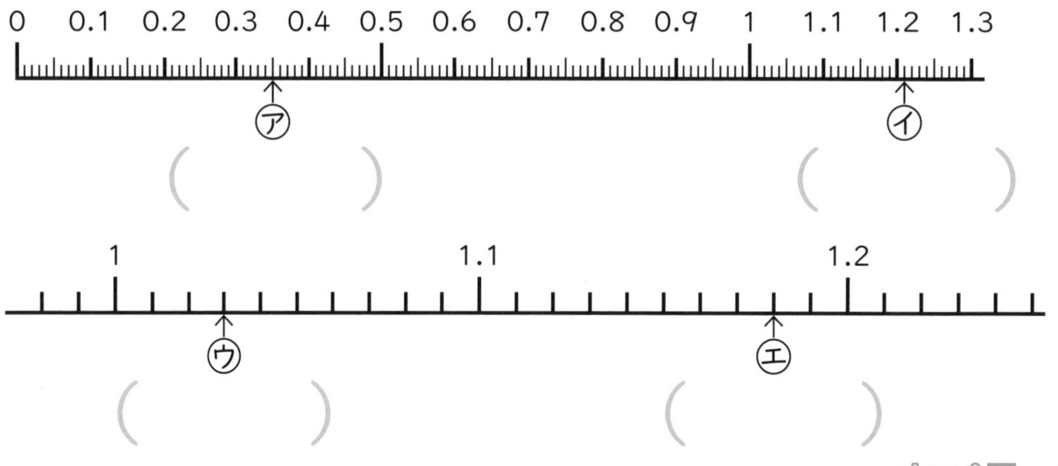

ホップ 3 へ!

3 次の長さや重さを［　］の単位を使って、小数で表しましょう。 (5点×4)

① 1m 52cm ［m］ (　　　　)

② 3m 6cm ［m］ (　　　　)

③ 2kg 675g ［kg］ (　　　　)

④ 1kg 30g ［kg］ (　　　　)

ホップ 4 5 へ!

4 次の数はいくつですか。 (5点× 4)

① 1を3こ、0.1を5こ、0.01を2こ、0.001を7こ

あわせた数 (　　　　)

② 0.01を345こ集めた数 (　　　　)

③ 0.62を100倍した数 (　　　　)

④ 3.2を$\frac{1}{100}$にした数 (　　　　)

ステップ1へ!

5 □にあてはまる不等号(ふとうごう)をかきましょう。 (5点× 2)

① 0 □ 0.01　　② 14.08 □ 14.102

ステップ3へ!

6 次の計算をしましょう。 (5点× 4)

①

	0.	3	4	6
+	1.	2	5	4

②

	7.	2		
+	0.	8	6	1

③

	1	2.	5	6
−		3.	8	

④

	5			
−	0.	4	9	3

ステップ4へ!

小数

月　　日
名前

1 次のかさをＬでかきましょう。

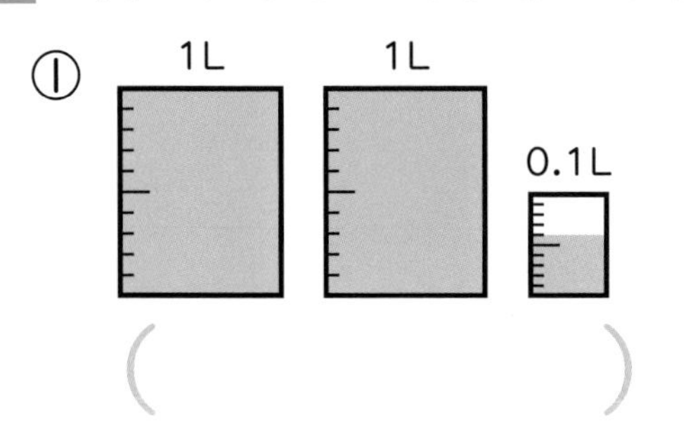

（　　　　）

② 0.1L 0.1L 0.1L 0.1L 0.1L

（　　　　）

2 次のかさの分だけ色をぬりましょう。

① 1.19L　　② 0.21L

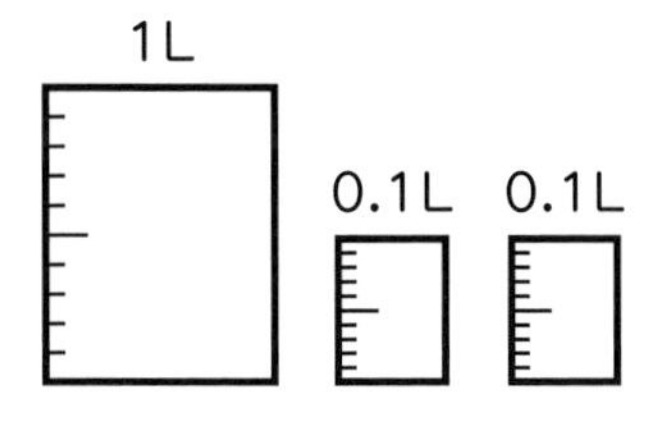

0.1L 0.1L 0.1L

3 ㋐～㋘の目もりを読みましょう。

0 0.1 0.2 0.3 0.4 0.5 0.6 0.7 0.8 0.9 1 1.1 1.2 1.3

㋐（　　　）㋑（　　　）㋒（　　　）

1 1.1 1.2

㋓（　　　）㋔（　　　）㋕（　　　）

3 3.5 4

㋖（　　　）㋗（　　　）㋘（　　　）

4 次の長さを［　］の単位(たんい)で表しましょう。

① 2m 57cm［m］　（　　　　　）

② 1m 8cm［m］　（　　　　　）

③ 1km 430m［km］　（　　　　　）

④ 1km 25m［km］　（　　　　　）

⑤ 850m［km］　（　　　　　）

5 次の重さを［　］の単位で表しましょう。

① 4kg 560g［kg］　（　　　　　）

② 5kg 70g［kg］　（　　　　　）

③ 3kg 8g［kg］　（　　　　　）

④ 756g［kg］　（　　　　　）

⑤ 95g［kg］　（　　　　　）

小数

月　　日
名前

1 次の数はいくつですか。

① 1を5こ、0.1を4こ、0.01を7こ、0.001を8こあわせた数　（　　　）

② 1を2こ、0.01を6こ、0.001を5こあわせた数　（　　　）

③ 0.01を259こ集めた数　（　　　）

④ 0.01を75こ集めた数　（　　　）

⑤ 0.35を10倍した数　（　　　）

⑥ 0.68を100倍した数　（　　　）

⑦ 4.5を$\frac{1}{10}$にした数　（　　　）

⑧ 1.2を$\frac{1}{100}$にした数　（　　　）

2 次の小数を小さい順(じゅん)にならべましょう。

① ㋐0.1　㋑0　㋒0.05　㋓0.008

（　　→　　→　　→　　）

② ㋐0.72　㋑0.09　㋒0.18　㋓0.03

（　　→　　→　　→　　）

3 □にあてはまる不等号をかきましょう。

① 5.405 □ 5.45　　② 0.001 □ 0

③ 8.132 □ 8.097　　④ 25.032 □ 25.302

4 次の計算をしましょう。

①

	4.	3	2	7
+	2.	4	5	2

②

	1.	7	9	2
+	3.	1	0	8

③

	6.	4		
+	0.	7	2	5

④

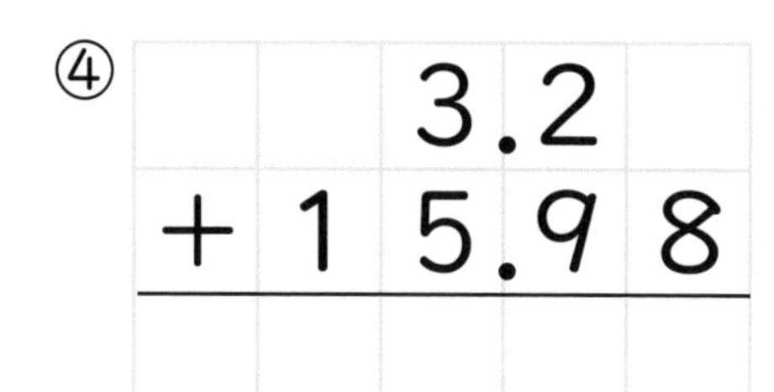

		3.	2	
+	1	5.	9	8

⑤

	7.	5	2	3
−	3.	4	6	1

⑥

	2	4.	1	6
−		7.	3	

⑦

	4.	0	0	0
−	0.	2	5	6

⑧

	3			
−	1.	9	8	1

小数

月　日
名前

1 次のかさをＬでかきましょう。 (5点×2)

①

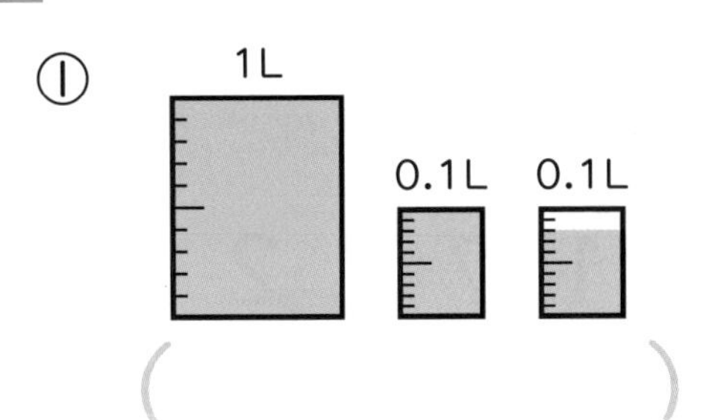

( )

②

0.1L 0.1L 0.1L

( )

2 ㋐～㋓の目もりを読みましょう。 (5点×4)

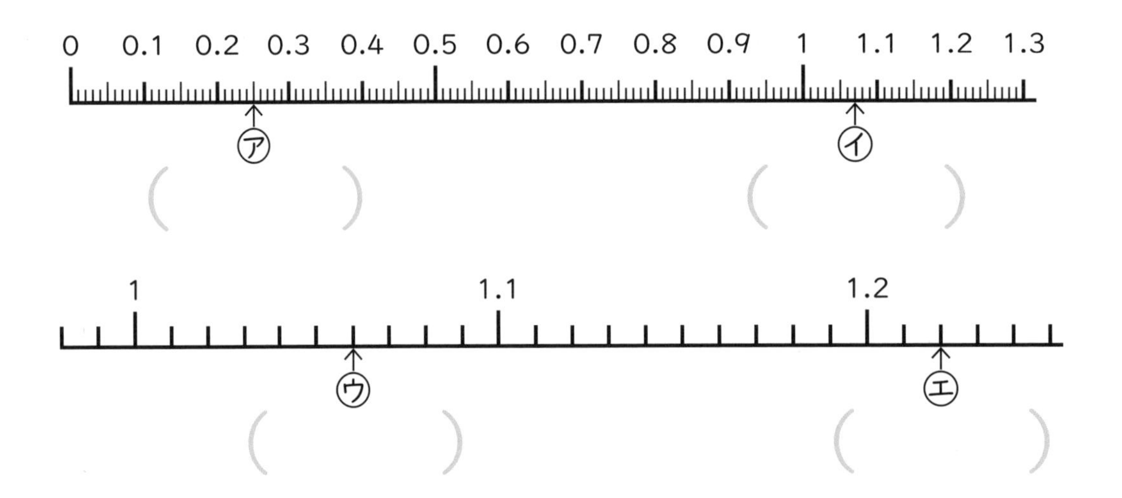

3 次の長さや重さを［　］の単位を使って、小数で表しましょう。 (5点×4)

① 2m 45cm ［m］ ( )

② 1m 9cm ［m］ ( )

③ 3kg 256g ［kg］ ( )

④ 1kg 80g ［kg］ ( )

4 次の数はいくつですか。 (5点×4)

① 1を4こ、0.1を6こ、0.01を3こ、0.001を9こあわせた数 (　　　　)

② 0.01を193こ集めた数 (　　　　)

③ 0.25を100倍した数 (　　　　)

④ 6.7を$\frac{1}{100}$にした数 (　　　　)

5 □にあてはまる不等号(ふとうごう)をかきましょう。 (5点×2)

① 0 □ 0.01　　② 10.09 □ 10.105

6 次の計算をしましょう。 (5点×4)

①

	0.	1	8	3
+	3.	5	1	7

②

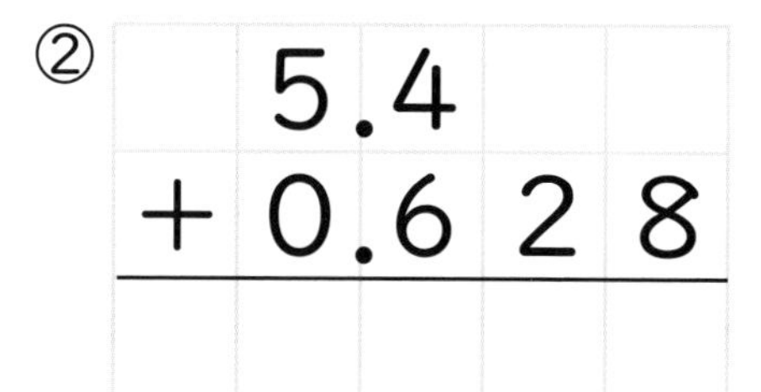

③

	1	5.	3	4
−		7.	7	

④

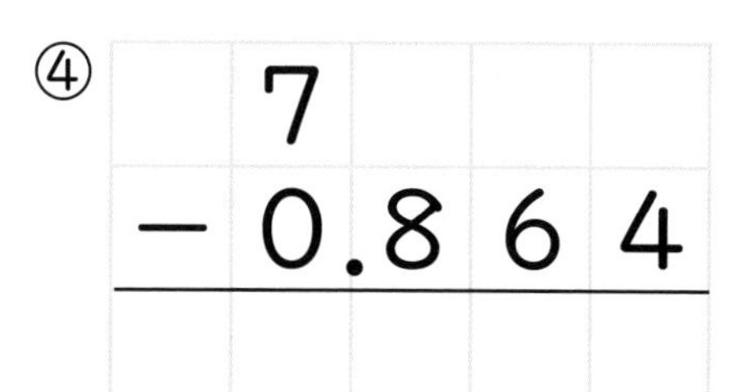

チェック

わり算（÷2 けた）

月　　日

名前

1 次の計算をしましょう。あまりがある計算もあります。 (5点×4)

① 200 ÷ 50 =　　　　② 300 ÷ 40 =

③ 4000 ÷ 800 =　　　④ 5000 ÷ 700 =

ホップ 1 2 へ!

2 次の計算をしましょう。あまりがある計算もあります。 (5点×6)

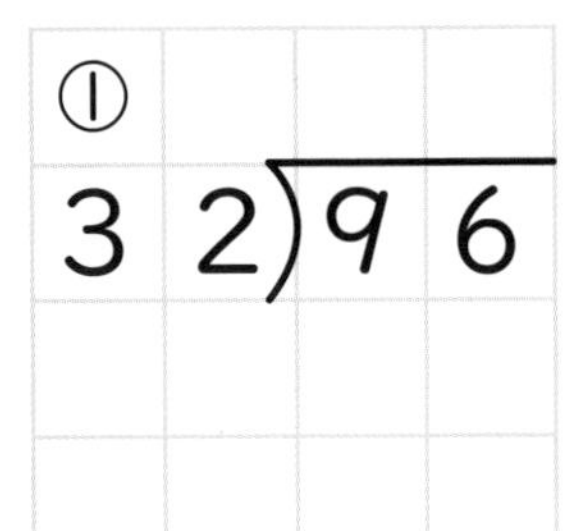

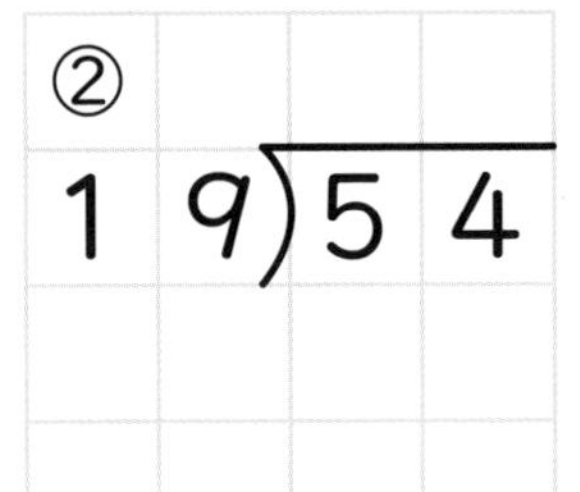

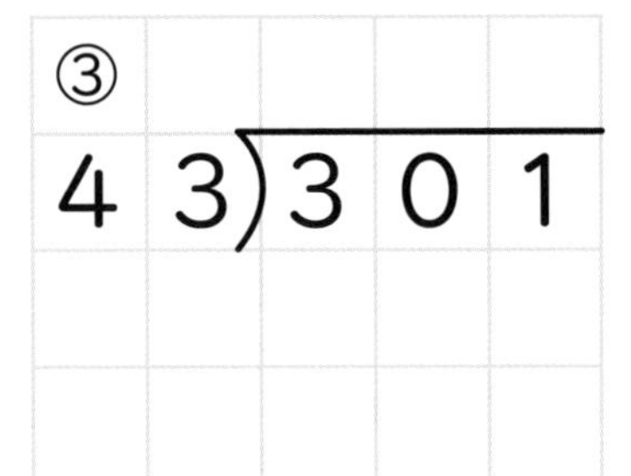

④ 24)768

⑤ 18)523

⑥ 32)871

ホップ 3 4 へ!

3 450 ÷ 150 と商が等しい式には○、ちがうものには×をつけましょう。 (5点×4)

① (　　) 4500 ÷ 150　② (　　) 4500 ÷ 1500

③ (　　) 300 ÷ 60　④ (　　) 900 ÷ 300

ステップ 1 へ!

4 次の計算をしましょう。 (10点×2)

① $40 \overline{)150}$

② $800 \overline{)2500}$

ステップ 2 へ!

5 500本のえんぴつを、1ダース（12本）ずつ箱につめていくと、何箱できて何本あまりますか。 (式5点、答え5点)

式

答え ______

ステップ 3 4 へ!

6 長さが300 mのまっすぐな道に15 mごとに木を植えます。
両はしにも木を植えると、木は全部で何本いりますか。(式5点、答え5点)

式

答え ______

ステップ 5 6 へ!

わり算（÷2 けた）

月　　日

名前

1 次の計算をしましょう。あまりがある計算もあります。

① 300 ÷ 60 =　　　② 4000 ÷ 500 =

③ 500 ÷ 70 =　　　④ 2000 ÷ 300 =

2 正しい計算に○をつけましょう。

① (　　) 200 ÷ 60 = 3 あまり 2

② (　　) 200 ÷ 60 = 3 あまり 20

③ (　　) 1600 ÷ 300 = 5 あまり 1

④ (　　) 1600 ÷ 300 = 5 あまり 100

3 次の計算をしましょう。あまりがある計算もあります。

①
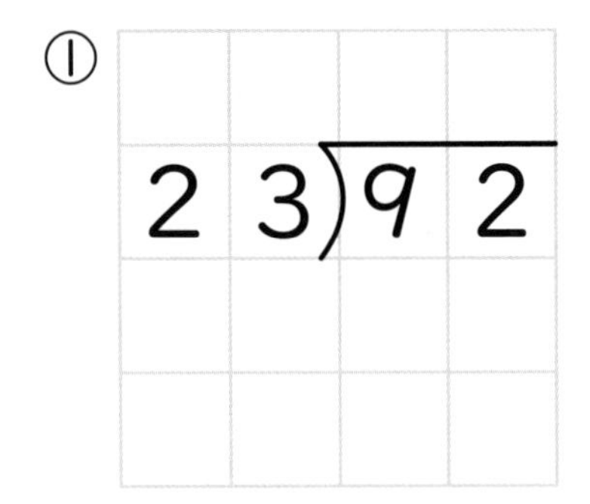

②
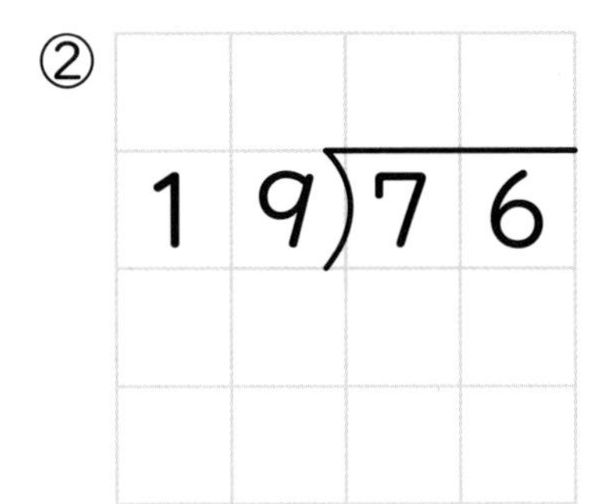

③ 36)81

④ 17)65

4 次の計算をしましょう。あまりがある計算もあります。

① $32\overline{)224}$

② $56\overline{)448}$

③ $48\overline{)305}$

④ $29\overline{)131}$

⑤ $17\overline{)595}$

⑥ $24\overline{)813}$

⑦ $36\overline{)876}$

＼できた度／
☆☆☆☆☆

わり算（÷2 けた）

月　日
名前

1 わり算では、わられる数とわる数に同じ数をかけても、同じ数でわっても商は変わりません。

このせいしつを使って、□にあてはまる数を入れましょう。

① 24 ÷ 3 = 240 ÷ □　② 75 ÷ 15 = 150 ÷ □

③ 1800 ÷ 600 = □ ÷ 6　④ 1000 ÷ 25 = □ ÷ 5

2 次の計算をしましょう。あまりがある計算もあります。

① 30)140

② 40)150

③ 500)3500

④ 700)6300

⑤ 900)5000

⑥ 600)4000

3 色紙が 360 まいあります。24 人で同じ数ずつ分けると 1 人分は何まいになりますか。

式

答え

4 470 人が 53 人乗りのバスで遠足に行きます。バスは何台必要(ひつよう)ですか。

式

答え

5 運動場に 90 m のラインを引いて、ライン上に 15 m ごとにコーンを置(お)きます。両はしにもコーンを置くと、コーンは何こいりますか。

式

答え

6 長さが 600 m のまっすぐな道に 12 m ごとに木を植えます。両はしにも木を植えると、木は全部で何本いりますか。

式

答え

たしかめ

わり算（÷2 けた）

月　日
名前

1 次の計算をしましょう。あまりがある計算もあります。 (5点×4)

① $400 \div 50 =$　　② $200 \div 70 =$

③ $3000 \div 600 =$　　④ $8000 \div 900 =$

2 次の計算をしましょう。あまりがある計算もあります。 (5点×6)

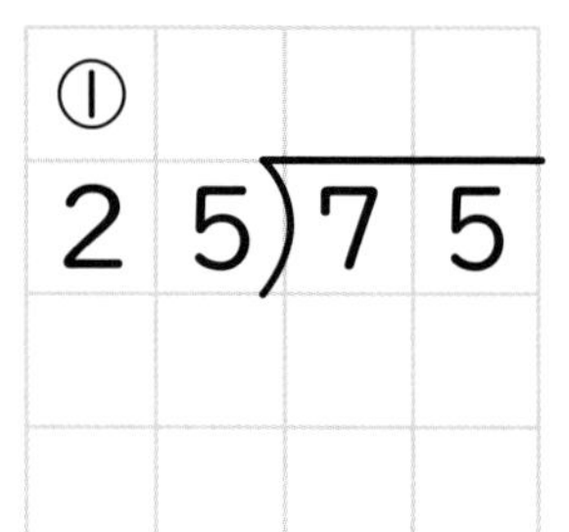

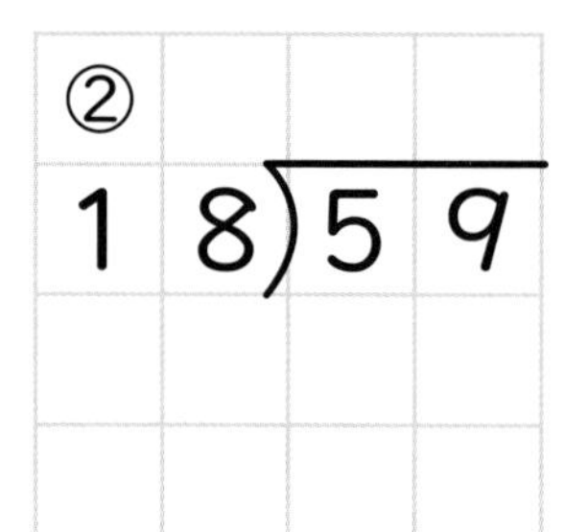

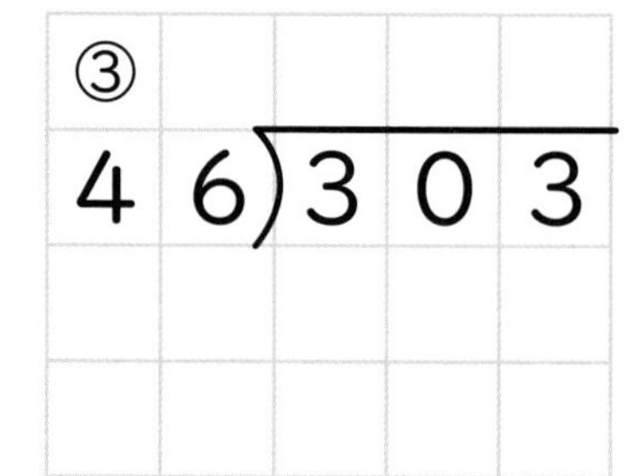

④ 34)612

⑤ 26)657

⑥ 17)551

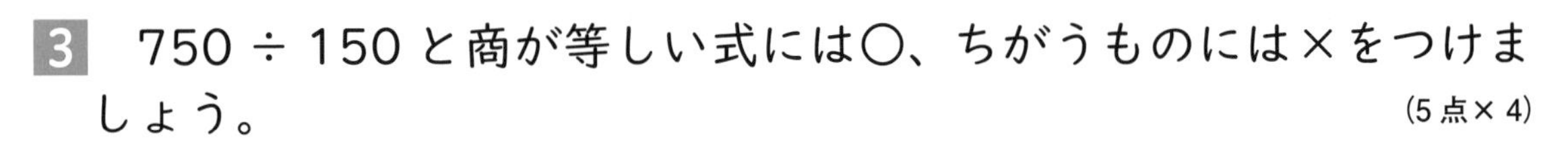

3 750 ÷ 150 と商が等しい式には○、ちがうものには×をつけましょう。 (5点×4)

①（　　）7500 ÷ 150　　②（　　）75 ÷ 15

③（　　）7500 ÷ 1500　　④（　　）250 ÷ 50

4 次の計算をしましょう。 (5点×2)

①

$70\overline{)250}$

②

$900\overline{)3500}$

5 400 本のえんぴつを、1ダース（12 本）ずつ箱につめていくと、何箱できて何本あまりますか。 (式5点、答え5点)

式

答え ＿＿＿＿＿＿＿＿

6 長さが 240 m のまっすぐな道に 15 m ごとに木を植えます。
両はしにも木を植えると、木は全部で何本いりますか。(式5点、答え5点)

式

答え ＿＿＿＿＿＿＿＿

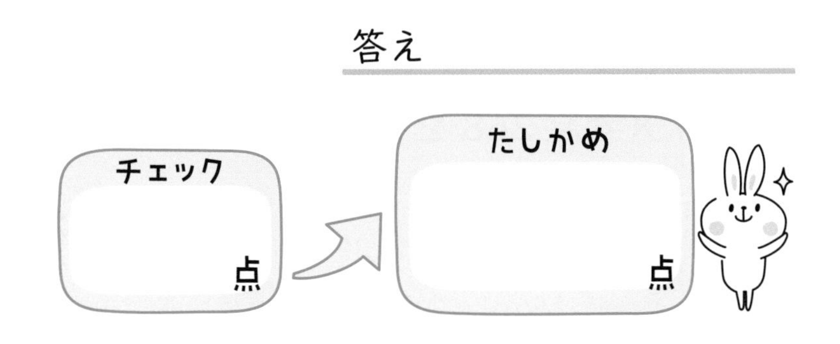

小数のかけ算

月　日
名前

1 次の計算をしましょう。(5点×2)

① 0.3 × 2 =　　② 0.4 × 3 =

ホップ 1 へ!

2 次の計算をしましょう。(5点×6)

①

	2	.4
×		6

②

	4	.7
×		8

③

	3	1	.2
×			8

④

	1	9	.8
×			9

⑤

	5	.0	6
×			5

⑥

	7	.0	5
×			8

ホップ 2 へ!

3 67 × 4 = 268 をもとにして次の積(せき)を求(もと)めましょう。(5点×2)

① 6.7 × 4 =　　② 0.67 × 4 =

ステップ 1 2 へ!

4 次の計算をしましょう。 (10点×3)

①		6.	3
	×	7	2

②	0.	4	2
×		3	4

③		3.	6	5
	×		5	4

ホップ 4 へ!

5 1人に1.4mのリボンを配ります。
8人に配るとリボンは何mいりますか。 (式5点、答え5点)

式

答え

ステップ 5 6 へ!

6 1mの重さが2.5kgの鉄のぼうがあります。
この鉄のぼう12mの重さは何kgですか。 (式5点、答え5点)

式

答え

ステップ 7 8 へ!

小数のかけ算

月　日
名前

1 次の計算をしましょう。

① $0.4 \times 2 =$　　② $0.5 \times 5 =$

③ $0.6 \times 5 =$　　④ $0.9 \times 7 =$

2 次の筆算に小数点をつけ、正しい答えにしましょう。

①

		4.	8
×			5
	2	4	0

②

		7.	2
×			2
	1	4	4

③

	2.	9	3
×			4
1	1	7	2

④

	0.	8	6
×			3
	2	5	8

3 次の㋐～㋓にあてはまる数をかきましょう。

① $5.2 \times 3 =$ ㋐
　↓㋑倍　　↓㋒倍　㋓
$52 \times 3 = 156$

㋐（　　）　㋑（　　）
㋒（　　）　㋓（ $\frac{1}{\quad}$ ）

②
　3.2 7 ―㋐倍→ 3 2 7
× 　　6　　　× 　　6
　　　　　―㋑倍→ 1 9 6 2
　㋒ ←㋓―

㋐（　　）　㋑（　　）
㋒（　　）　㋓（ $\frac{1}{\quad}$ ）

4 次の計算をしましょう。

① 4.2×3

② 8.5×8

③ 5.43×6

④ 2.06×7

⑤ 2.1×56

⑥ 7.4×83

⑦ 1.85×24

⑧ 3.02×39

＼できた度／
☆☆☆☆☆

小数のかけ算

月　日
名前

1 39 × 5 ＝ 195 をもとにして次の積(せき)を求(もと)めましょう。

① 3.9 × 5 ＝　　　② 0.39 × 5 ＝

2 124 × 6 ＝ 744 をもとにして次の積を求めましょう。

① 12.4 × 6 ＝　　　② 1.24 × 6 ＝

3 筆算のまちがいを見つけて、正しく計算しましょう。

①
$$\begin{array}{r} 0.12 \\ \times \quad 9 \\ \hline 10.8 \end{array}$$

②
$$\begin{array}{r} 4.36 \\ \times \quad 5 \\ \hline 21.50 \end{array}$$

③
$$\begin{array}{r} 1.07 \\ \times \quad 7 \\ \hline 10.49 \end{array}$$

4 答えを求める式が、2.8 × 7 になるものに〇をつけましょう。

① （　　） 2.8L 入るバケツが 7 つあります。全部で何 L の水が入りますか。

② （　　） 2.8m のテープを 7 人で等分すると、1 人分は何 m になりますか。

③ （　　） 2.8m の 7 倍の長さは何 m ですか。

5 長さ 1.5m の板を、8 まいつなげてならべます。
はしからはしまでの長さは、何 m になりますか。

式

答え ＿＿＿＿＿＿＿＿

6 1L のガソリンで 8.5km 走る車があります。
12L のガソリンでは何 km 走りますか。

式

答え ＿＿＿＿＿＿＿＿

7 1m の重さが 18.8g のはり金があります。
このはり金 6m の重さは何 g ですか。

式

答え ＿＿＿＿＿＿＿＿

8 18 人の子どもに 1 人 0.35L ずつジュースを分けます。
ジュースは何 L いりますか。

式

答え ＿＿＿＿＿＿＿＿

小数のかけ算

月　　日

名前

1 次の計算をしましょう。 (5点×2)

① $0.2 \times 4 =$　　② $0.6 \times 6 =$

2 次の計算をしましょう。 (5点×6)

①

	4.	5
×		7

②

	3.	2
×		9

③

	5	1.	3
×			9

④

	1	8.	7
×			6

⑤

	3.	0	8
×			7

⑥

	5.	0	3
×			9

3 $82 \times 6 = 492$ をもとにして次の積(せき)を求(もと)めましょう。 (5点×2)

① $8.2 \times 6 =$　　② $0.82 \times 6 =$

4 次の計算をしましょう。 (10点×3)

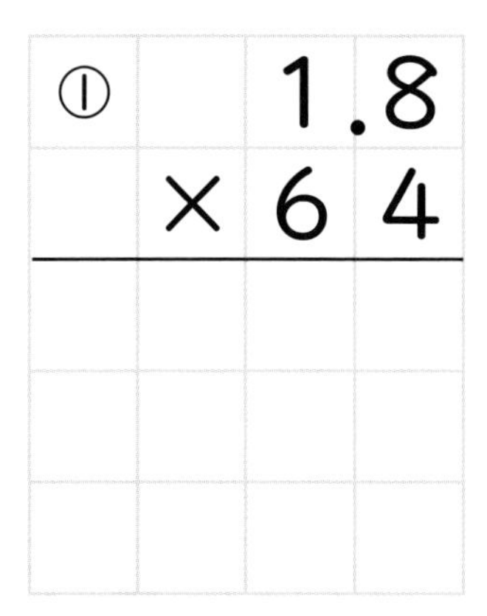

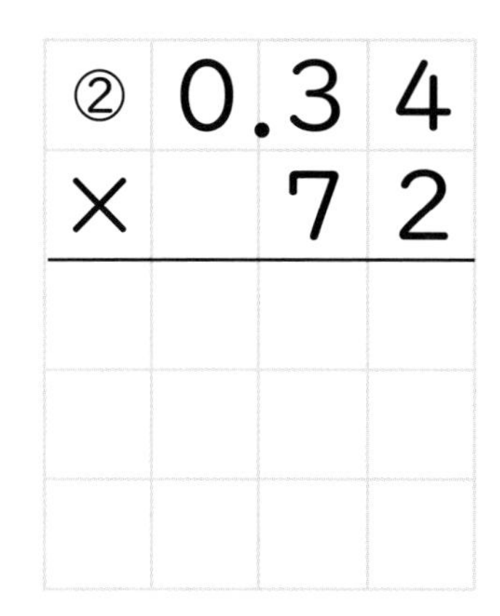

③
2.14
×35

5 Ｉ人に1.6mのリボンを配ります。
9人に配ると、リボンは何mいりますか。 (式5点、答え5点)

式

答え ＿＿＿＿＿＿＿＿

6 1mの重さが2.4kgの鉄のぼうがあります。
この鉄のぼう18mの重さは何kgですか。 (式5点、答え5点)

式

答え ＿＿＿＿＿＿＿＿

小数のわり算

月　日
名前

1 次の計算をしましょう。 (10点×3)

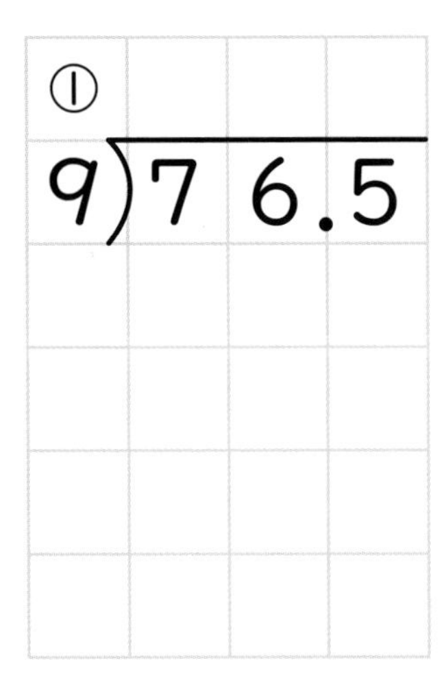

②
12)38.4

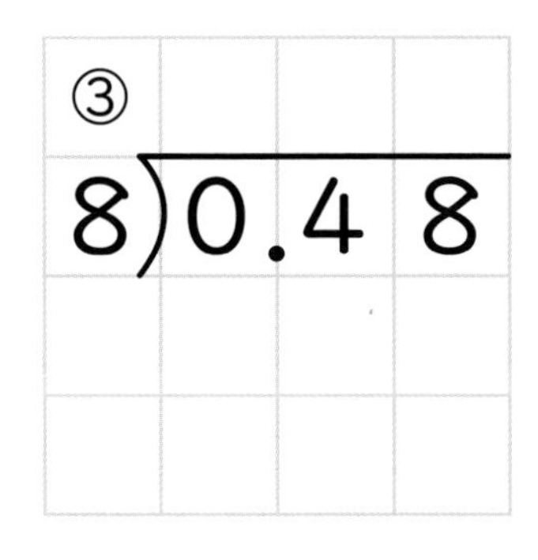

ホップ 1 へ!

2 商を四捨五入(ししゃごにゅう)して、上から2けたのがい数で求めましょう。 (5点×3)

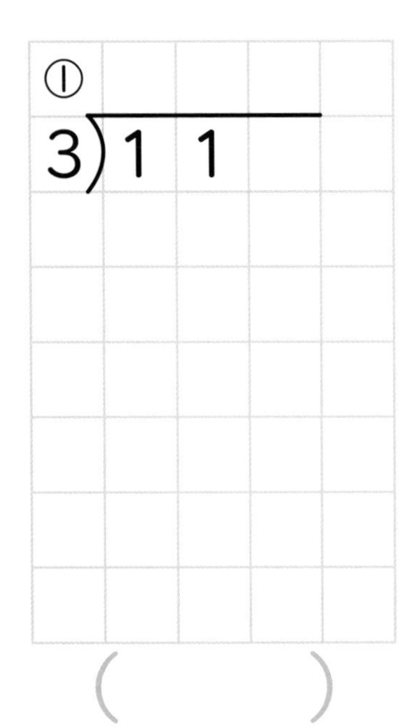

（　　　）

（　　　）

③
14)72.5

（　　　）

ステップ 1 へ!

3 商は一の位まで求めて、あまりもだしましょう。 (5点× 2)

①

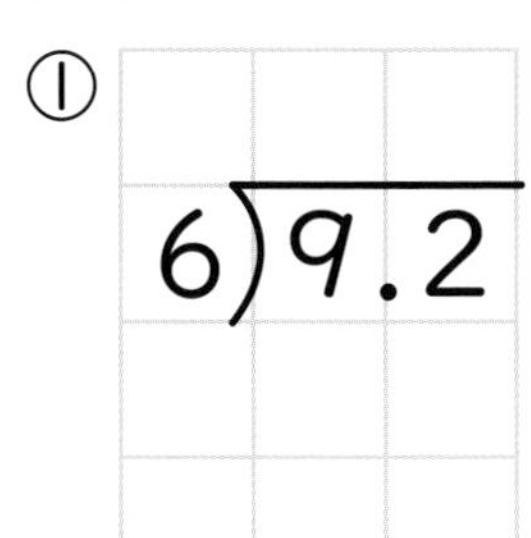

②

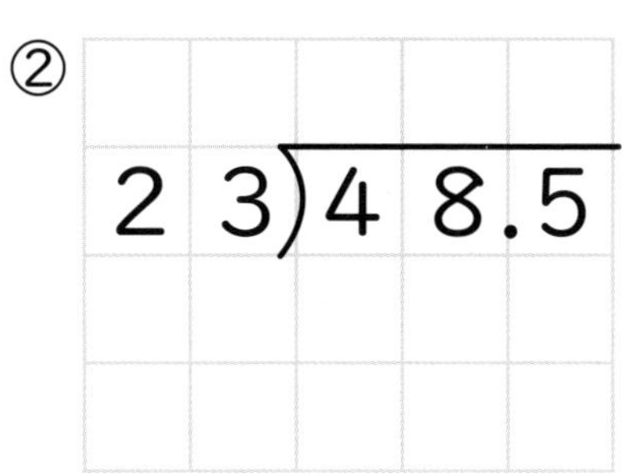

ホップ 3 へ!

4 わりきれるまで計算しましょう。 (5点× 3)

①

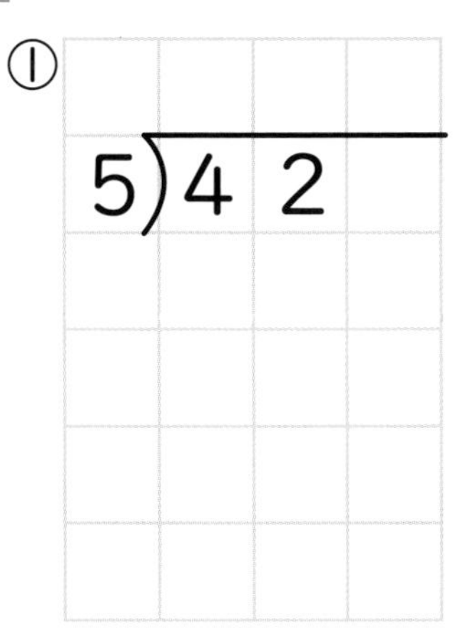

②

8)36

③

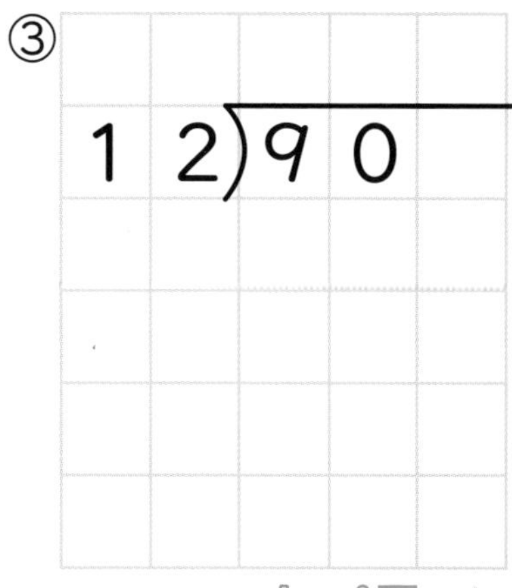

ホップ 2 へ!

5 13.2Lの飲み物を4人で等分すると、1人分は何Lになりますか。

(式10点、答え5点)

式

答え

ステップ 4 5 へ!

6 12mのテープは、5mのテープの何倍ですか。 (式10点、答え5点)

式

答え

ステップ 2 3 へ!

小数のわり算

月　日
名前

1 次の計算をしましょう。

① 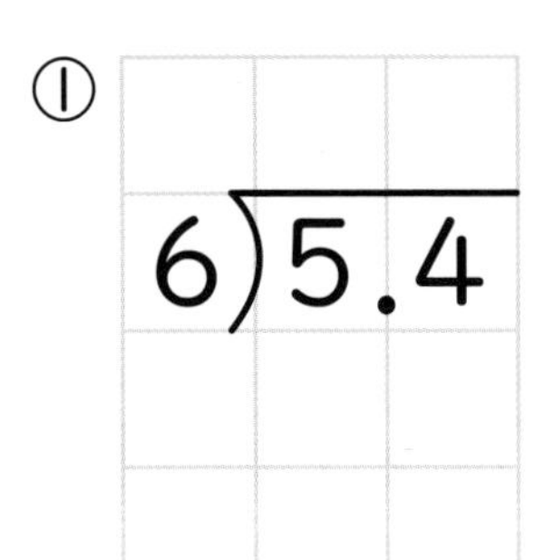

② 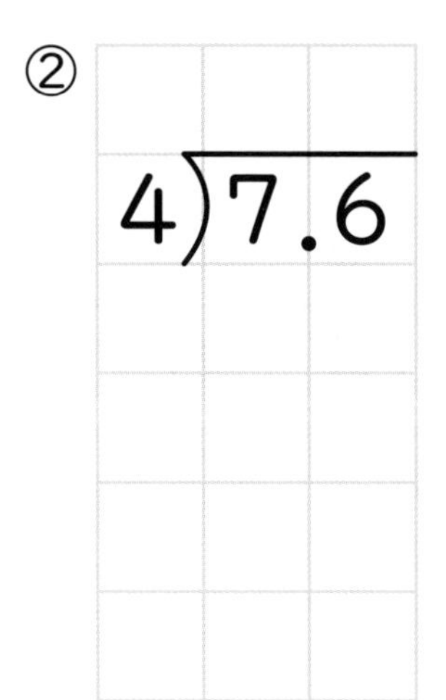

③ 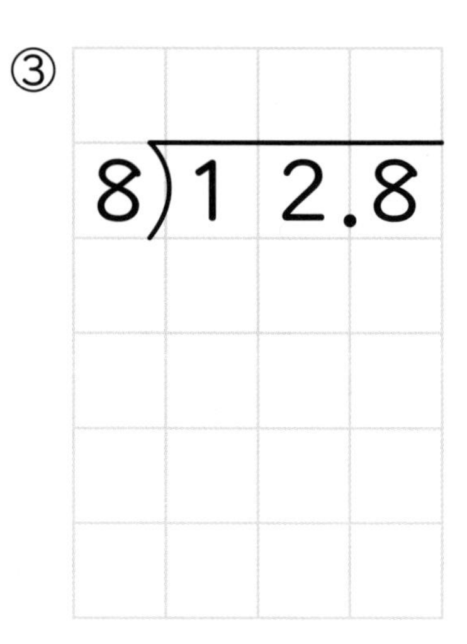

2 わりきれるまで計算しましょう。

① 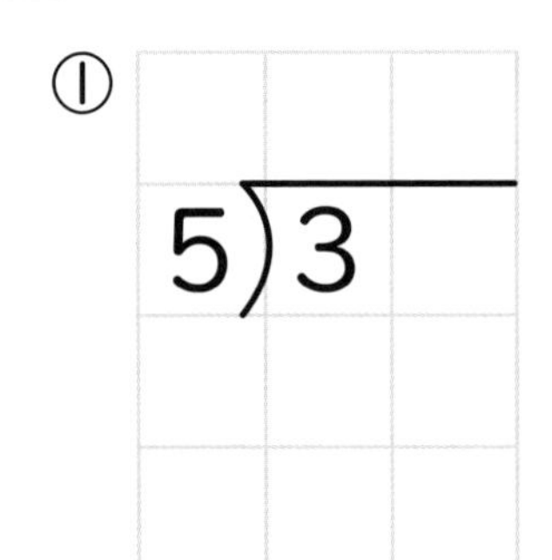

② 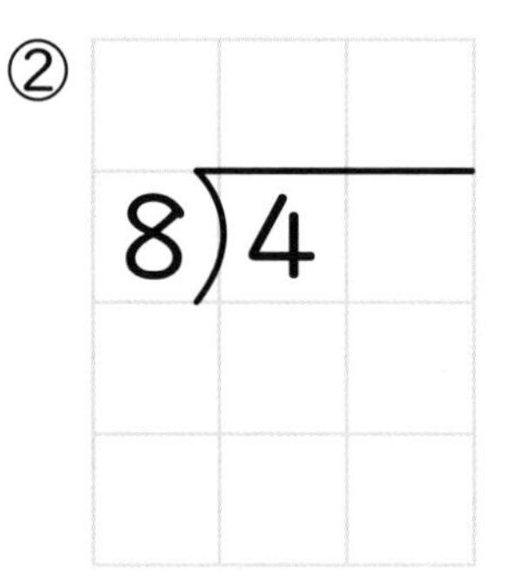

③ 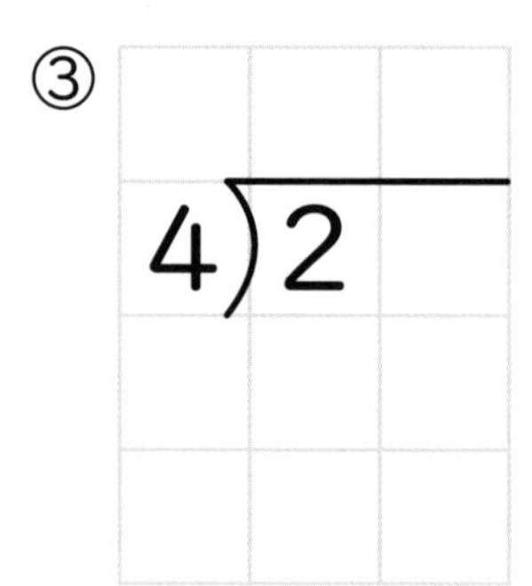

④ 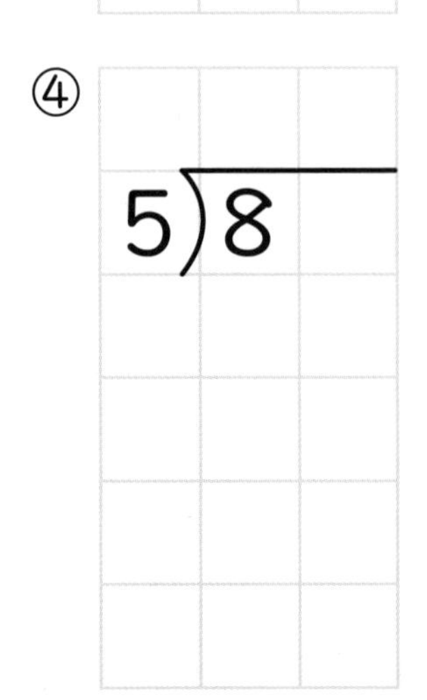

⑤ 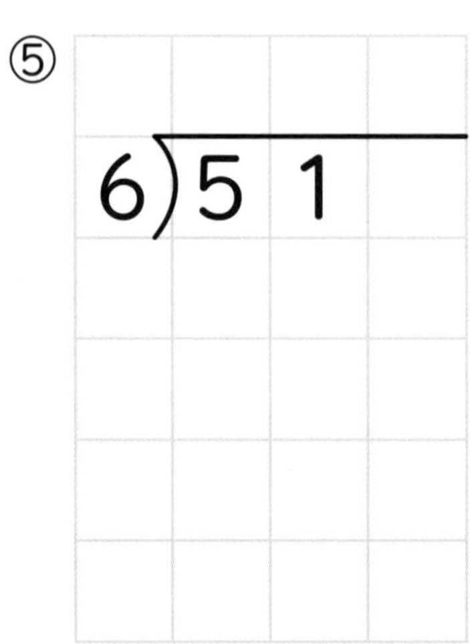

⑥
5)36

3 商は一の位(くらい)まで求(もと)めて、あまりもだしましょう。

①
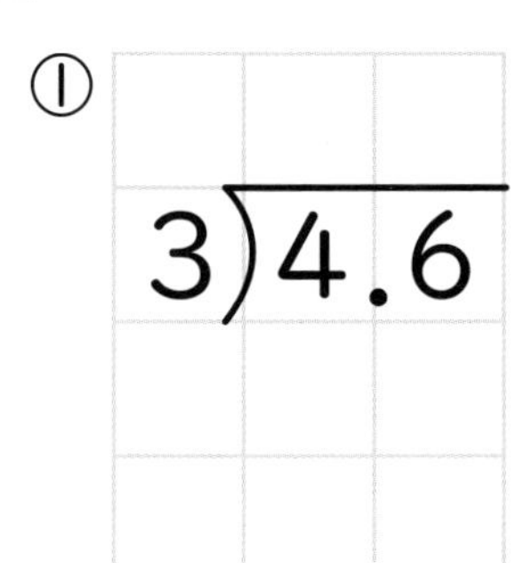

②
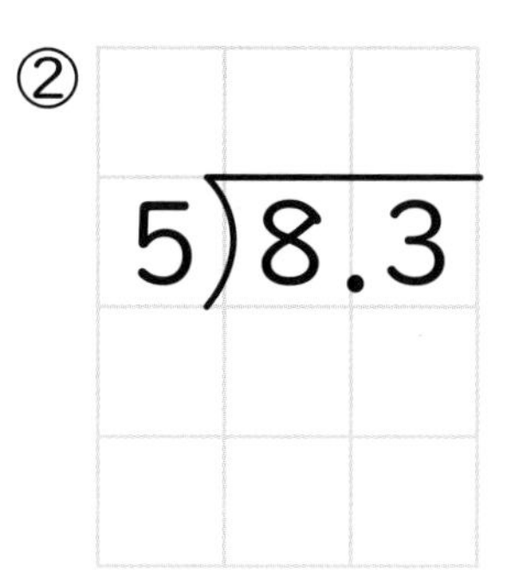

③
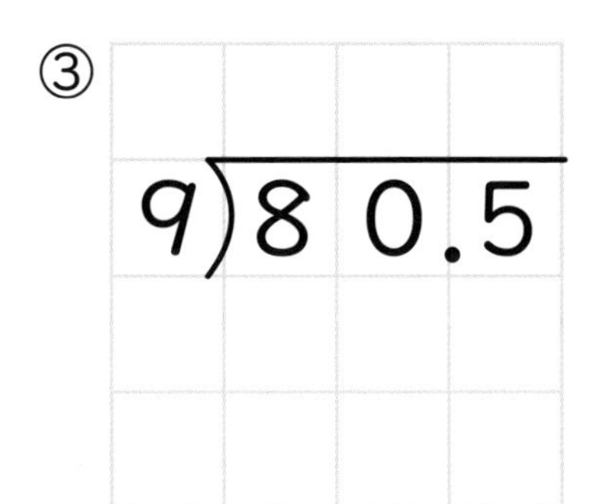

④
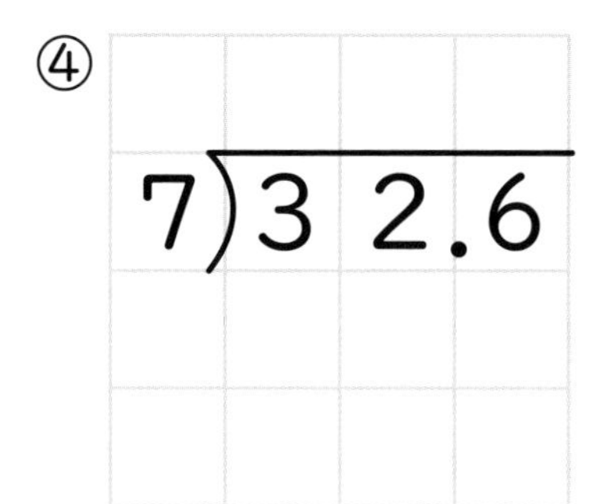

⑤
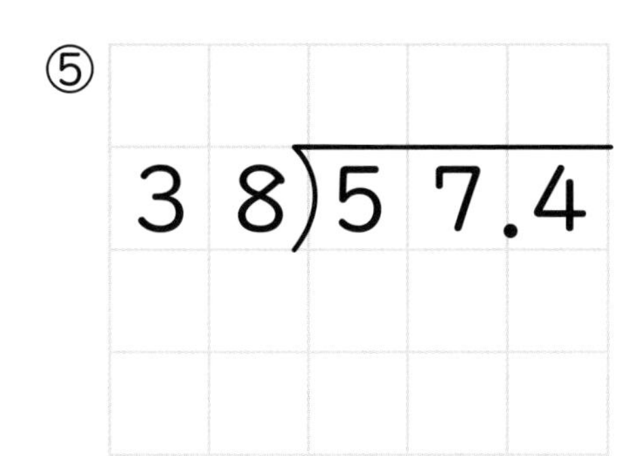

⑥
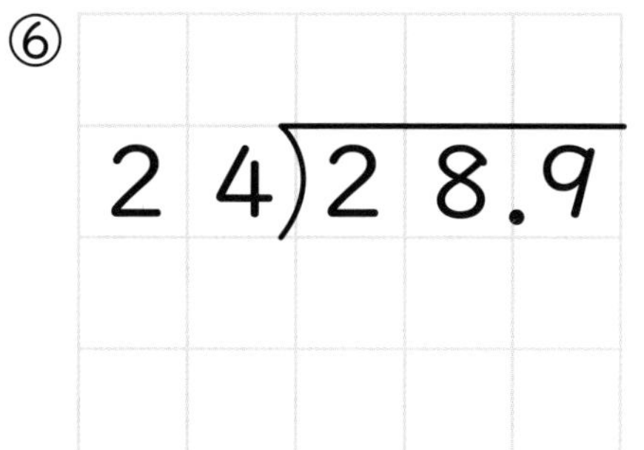

⑦
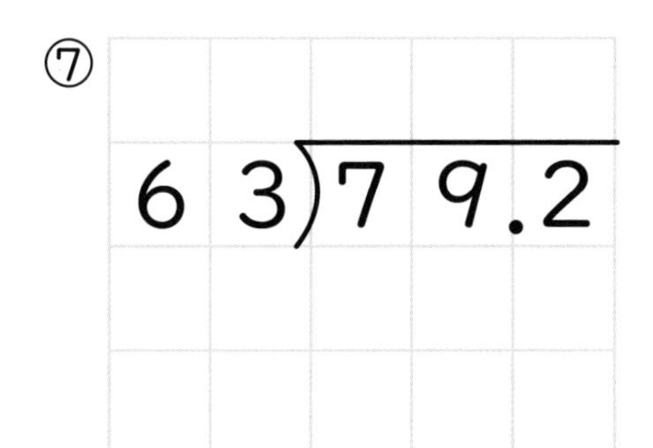

⑧
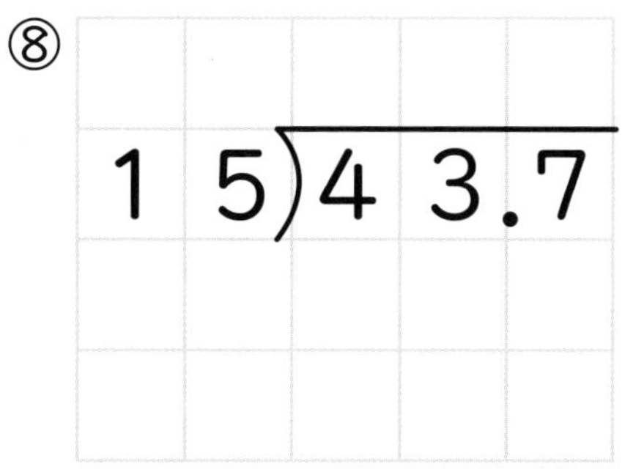

できた度

☆☆☆☆☆

小数のわり算

月　　日
名前

1 商を四捨五入して、上から２けたのがい数で求めましょう。

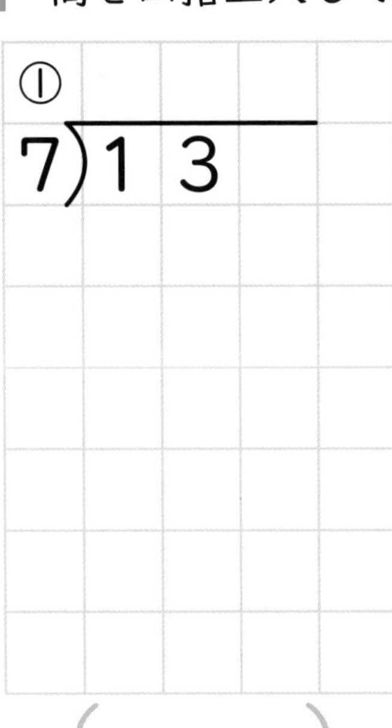

(　　　)

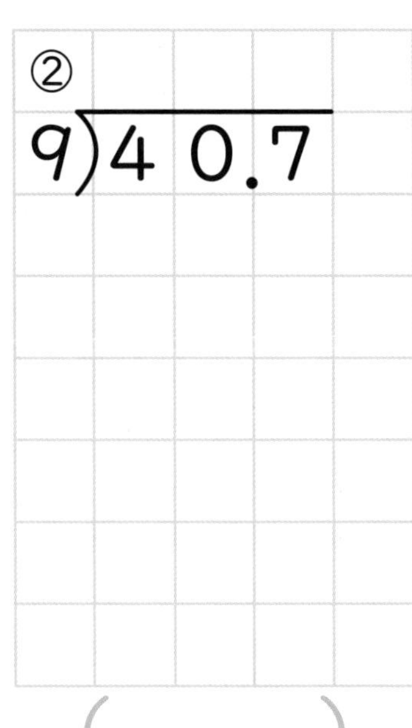

(　　　)

(　　　)

④
15)50
(　　　)

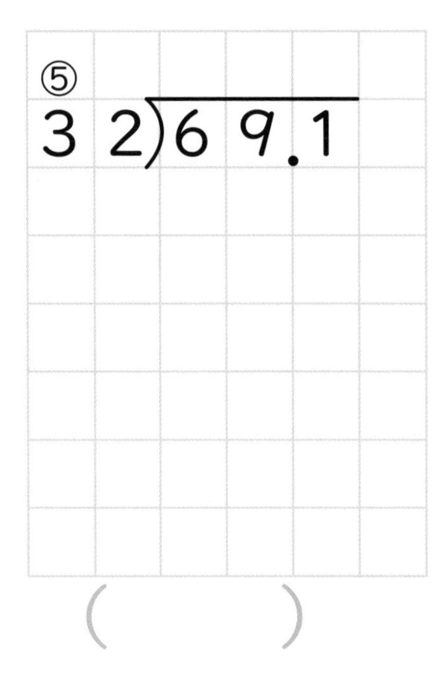

(　　　)

2 姉は 1350 円、妹は 600 円、おこずかいを持っています。
姉は妹の何倍のおこずかいを持っていますか。

式

答え

3 弟の体重は 25kg です。お父さんの体重は 60kg です。
お父さんの体重は、弟の体重の何倍ですか。

式

答え

4 16.5m のテープがあります。このテープから 3m のテープが何本とれますか。また何 m あまりますか。

式

答え

5 76km 走るのに 8L のガソリンを使う車があります。この車が 1L で何 km 走りますか。

式

答え

小数のわり算

月　　日

名前

1　次の計算をしましょう。

(10点×3)

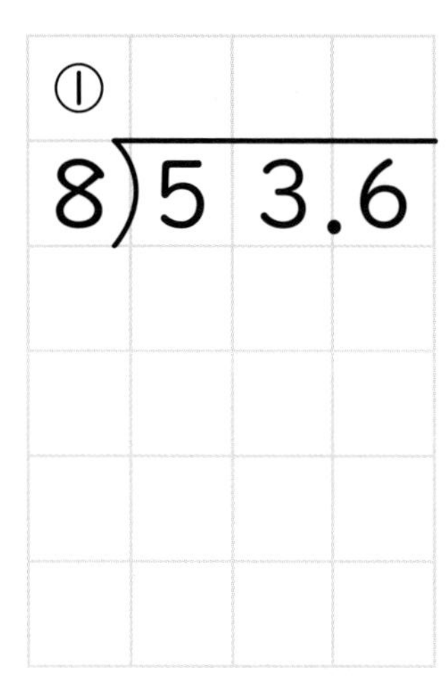

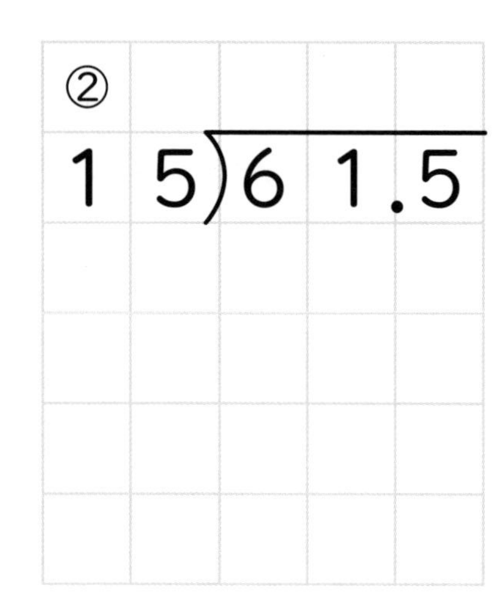

③ 9)0.72

2　商を四捨五入(ししゃごにゅう)して、上から2けたのがい数で求(もと)めましょう。

(5点×3)

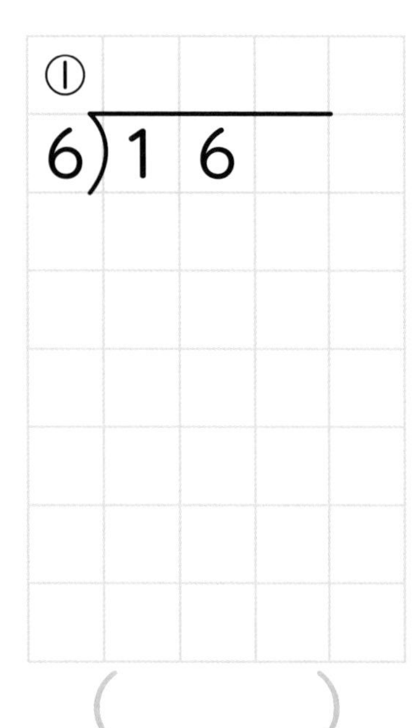

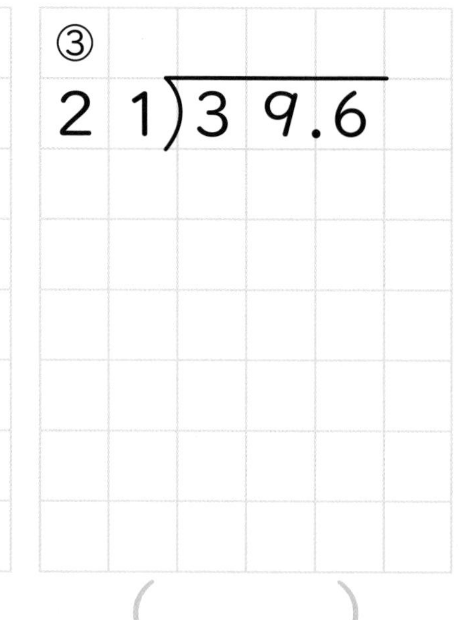

(　　　)　(　　　)　(　　　)

3 商は一の位まで求めて、あまりもだしましょう。 (5点×2)

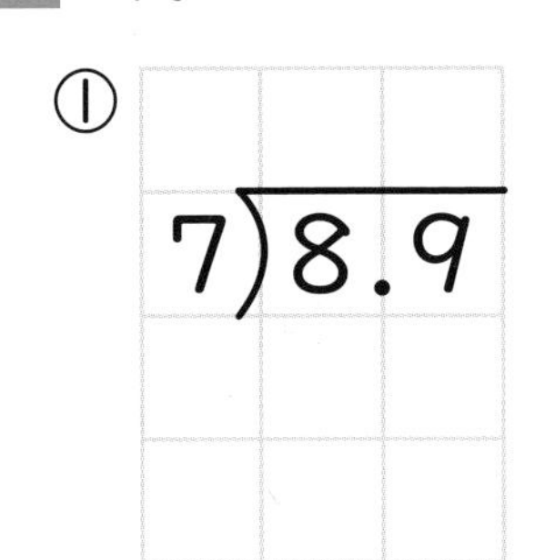

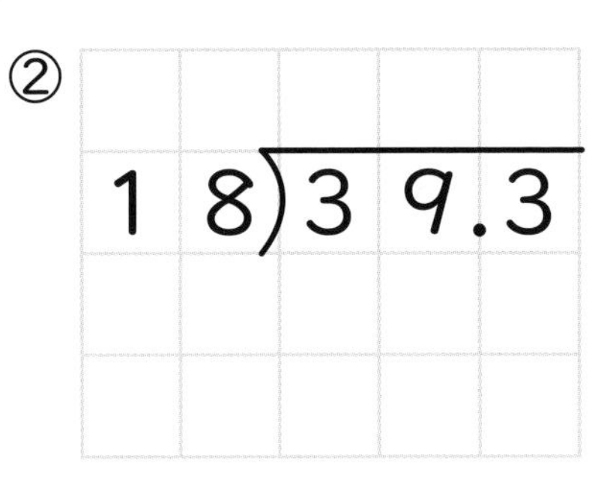

4 わりきれるまで計算しましょう。 (5点×3)

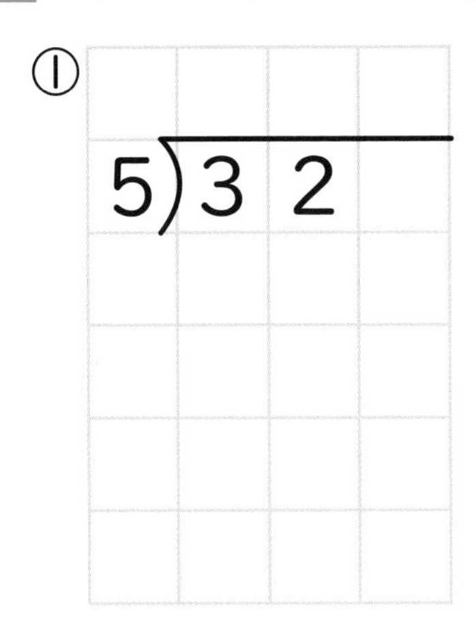

②

8)5 2

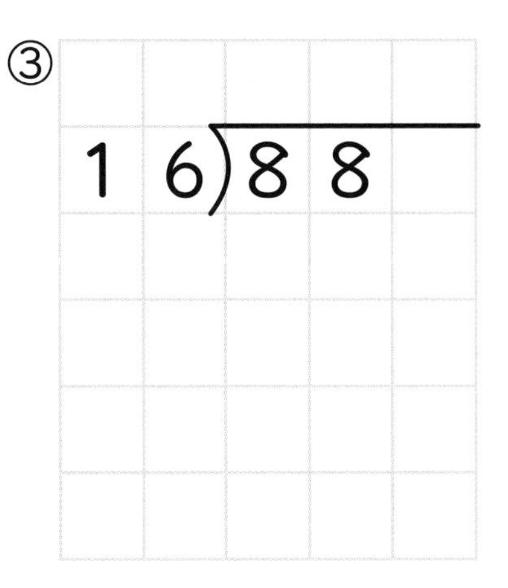

5 11.5Lの飲み物を5人で等分すると、1人分は何Lになりますか。

(式10点、答え5点)

式

答え

6 10mのテープは、4mのテープの何倍ですか。 (式10点、答え5点)

式

答え

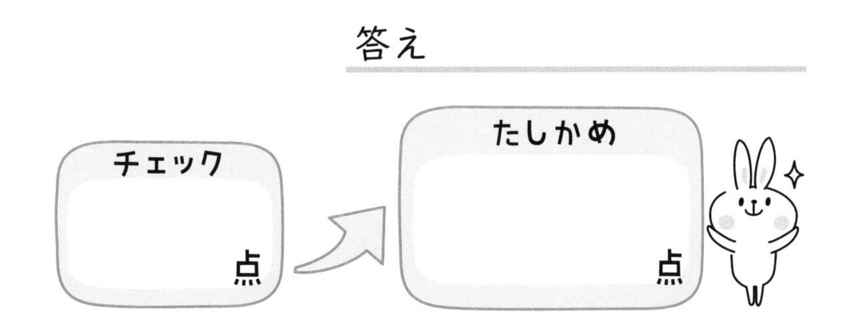

式と計算

月　日
名前

1 次の計算をしましょう。 (5点×5)

① $20-(7+5)=$

② $45+(13-8)=$

③ $9\times(15-6)=$

④ $150\div(24+26)=$

⑤ $(18-13)\times(6+4)=$

ホップ 1 へ!

2 次の計算をしましょう。 (5点×5)

① $17+3\times2=$

② $40-7\times5=$

③ $65+40\div8=$

④ $32-12\div4=$

⑤ $27-8\times2=$

ホップ 2 へ!

3 次の計算をしましょう。 (5点×5)

① $4 \times 3 + 5 \times 6 =$

② $8 \times 7 - 18 \div 3 =$

③ $12 + 8 \times 2 + 4 =$

④ $6 + 4 \div 2 + 8 =$

⑤ $(6 + 4 \times 2) \times 5 =$

ホップ 4 5 へ!

4 工夫(くふう)して計算しましょう。 (5点×3)

① $63 + 78 + 37 =$ ㋐[　　] + ㋑[　] = ㋒[　]

② $2.4 \times 8 + 1.6 \times 8 =$ (㋐[　　]) × ㋑[　] = ㋒[　]

③ $97 \times 6 =$ (㋐[　　]) × ㋑[　] = ㋒[　] − ㋓[　]

= ㋔[　]

ステップ 1 へ!

5 1本60円のえん筆と1こ20円のキャップを7こずつ買います。代金はいくらですか。1つの式に表して答えを求(もと)めましょう。 (10点)

式

答え

ステップ 3 4 へ!

式と計算

月　日
名前

1 （　）にあてはまる言葉を下の□から選び記号でかきましょう。

① 計算は、ふつう（　）から順にします。

② （　）のある式では、（　）の中を（　）に計算します。

③ ＋、－、×、÷のまじった式では（　）や（　）を先に計算します。

㋐右	㋑左	㋒先	㋓あと	㋔たし算
㋕ひき算	㋖かけ算	㋗わり算	㋘カッコ	

2 次の㋐～㋒□にあてはまる数をかきましょう。

① $15+(8+6)$

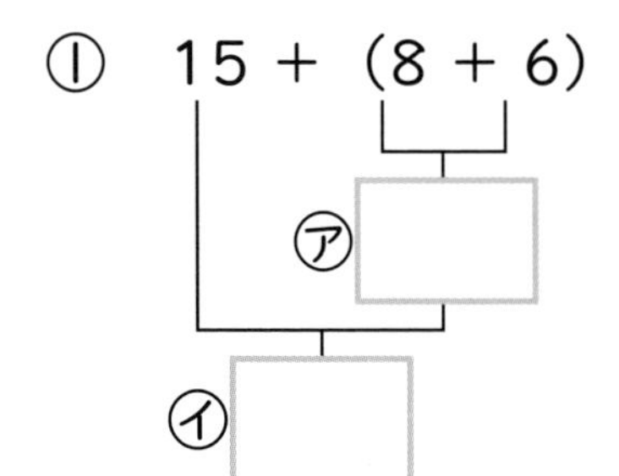

② $50-7\times5$

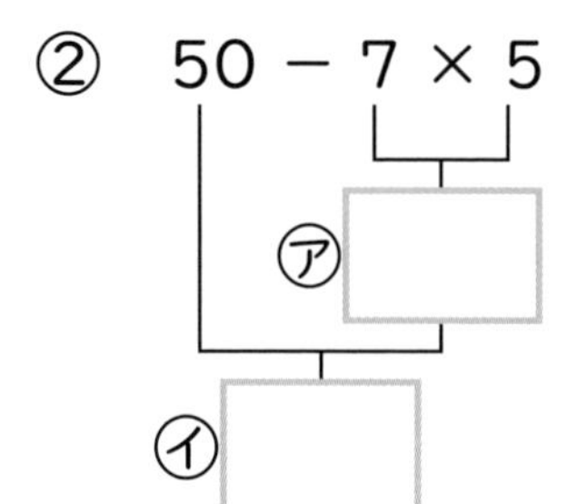

③ $9\times5-8\times4$

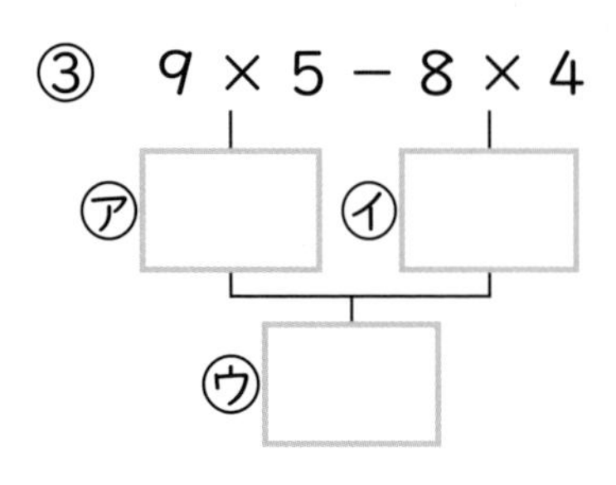

④ $8+2\times7+3$

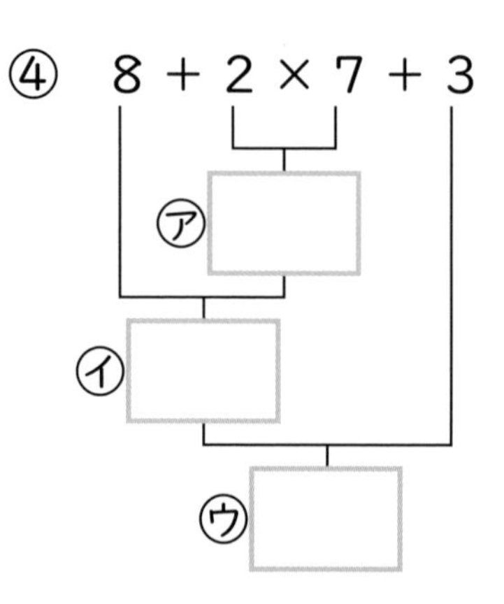

3 次の計算をしましょう。

① $32 + (12 + 6) =$

② $70 - (41 - 6) =$

③ $11 \times (9 - 3) =$

④ $36 \div (7 + 5) =$

4 次の計算をしましょう。

① $24 + 6 \times 4 =$

② $50 - 10 \times 3 =$

③ $52 + 48 \div 6 =$

④ $88 - 18 \div 9 =$

5 次の計算をしましょう。

① $9 \times 4 + 8 \times 3 =$

② $3 \times 5 + 80 \div 4 =$

③ $13 + 7 \times 4 - 5 =$

④ $25 + 15 \div 3 + 7 =$

式と計算

月　　日
名前

1 工夫して計算しましょう。

① $73 + 59 + 27 =$

② $65 + 84 + 16 =$

③ $5.8 \times 7 + 4.2 \times 7 =$

④ $9.6 \times 5 - 4.6 \times 5 =$

⑤ $96 \times 8 = (\square) \times \square = \square - \square$
$= \square$

⑥ $102 \times 24 = (\square) \times \square = \square + \square$
$= \square$

⑦ $25 \times 12 = \square \times \square \times \square = \square \times \square$
$= \square$

⑧ $25 \times 36 = \square \times \square \times \square = \square \times \square$
$= \square$

2 20円のおかしを4つ買うのに100円出しました。
残(のこ)りのお金は何円ですか。
1つの式に表して答えを求(もと)めましょう。

式

答え

3 150円のノート6さつと、50円の消しゴムを6こ買いました。
代金はいくらですか。
( )を使った式に表して、答えを求めましょう。

式

答え

4 折(お)り紙が120まいあります。1人3まいずつ25人に配りました。
折り紙の残りは何まいですか。
1つの式に表して、答えを求めましょう。

式

答え

式と計算

月　　日

名前

1 次の計算をしましょう。 (5点×5)

① $28-(8+7)=$

② $14+(11-5)=$

③ $7\times(13-9)=$

④ $120\div(23+17)=$

⑤ $(16-12)\times(3+7)=$

2 次の計算をしましょう。 (5点×5)

① $32+4\times2=$

② $80-8\times5=$

③ $71+36\div6=$

④ $42-12\div2=$

⑤ $54-7\times3=$

3 次の計算をしましょう。 (5点×5)

① $6 \times 5 + 7 \times 2 =$

② $4 \times 3 - 24 \div 8 =$

③ $15 + 5 \times 2 + 6 =$

④ $2 + 8 \div 4 + 5 =$

⑤ $(8 + 4 \times 3) \times 5 =$

4 工夫(くふう)して計算しましょう。 (5点×3)

① $47 + 89 + 53 =$ ㋐□ $+$ ㋑□ $=$ ㋒□

② $5.6 \times 9 + 3.4 \times 9 = ($㋐□$) \times$ ㋑□ $=$ ㋒□

③ $99 \times 7 = ($㋐□$) \times$ ㋑□ $=$ ㋒□ $-$ ㋓□

$=$ ㋔□

5 1本70円のえん筆と1こ30円のキャップを7こずつ買います。代金はいくらですか。1つの式に表して、答えを求(もと)めましょう。

(式5点、答え5点)

式

答え

分数

月　日
名前

1 下の数直線のめもりが表す数を分数でかきましょう。㋑は帯分数で表しましょう。 (5点×2)

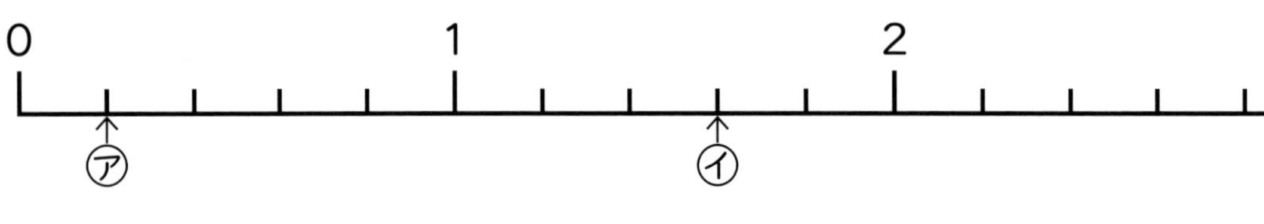

㋐（　　　）　㋑（　　　）

ホップ 1 へ!

2 仮分数は帯分数か整数に、帯分数は仮分数に直しましょう。(5点×4)

① $\frac{7}{3}$（　　　）　② $\frac{12}{4}$（　　　）

③ $1\frac{5}{6}$（　　　）　④ $3\frac{2}{5}$（　　　）

ホップ 2 へ!

3 等しい分数を2つかきましょう。 (5点×2)

① $\frac{1}{2}$（　　　　　　）　② $\frac{1}{3}$（　　　　　　）

ホップ 3 へ!

4 次の分数を大きい順にかきましょう。 (5点×2)

① [$1\frac{4}{9}$　$\frac{5}{9}$　$\frac{14}{9}$]（　　　　　　）

② [$\frac{2}{5}$　$\frac{2}{7}$　$\frac{2}{3}$]（　　　　　　）

ホップ 4 へ!

5　次の計算をしましょう。　(5点×10)

① $\frac{3}{7}+\frac{5}{7}=$

② $\frac{13}{9}-\frac{5}{9}=$

③ $1\frac{2}{5}+3\frac{2}{5}=$

④ $3\frac{5}{6}-1\frac{1}{6}=$

⑤ $2\frac{3}{4}+1\frac{3}{4}=$

⑥ $3-1\frac{1}{3}=$

⑦ $1\frac{4}{7}+3\frac{3}{7}=$

⑧ $4\frac{2}{5}-1\frac{4}{5}=$

⑨ $3\frac{5}{9}+2\frac{8}{9}=$

⑩ $3\frac{1}{7}-1\frac{2}{7}=$

ステップ 2 3 4 へ！

ホップ

分数

月　　日

名前

1 下の数直線のめもりが表す数を分数でかきましょう。
㋑～㋓は、仮分数(かぶんすう)、帯分数(たいぶんすう)の両方で表しましょう。

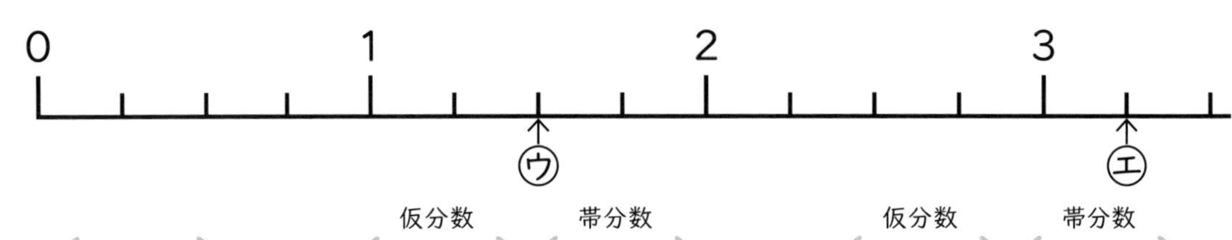

㋐（　　）　㋑ 仮分数（　　）帯分数（　　）　㋒ 仮分数（　　）帯分数（　　）

㋓ 仮分数（　　）帯分数（　　）

2 仮分数は帯分数か整数に、帯分数は仮分数に直しましょう。

① $\frac{15}{7}$（　　）　② $\frac{24}{6}$（　　）　③ $\frac{13}{9}$（　　）

④ $3\frac{3}{4}$（　　）　⑤ $1\frac{2}{3}$（　　）　⑥ $2\frac{4}{5}$（　　）

⑦ $\frac{40}{8}$（　　）　⑧ $\frac{19}{5}$（　　）　⑨ $2\frac{5}{6}$（　　）

3 等しい分数になるように□にあてはまる数を入れましょう。

① $\frac{1}{4}=\frac{\square}{8}=\frac{\square}{12}$　　② $\frac{1}{5}=\frac{\square}{10}=\frac{\square}{15}$

③ $\frac{1}{6}=\frac{\square}{12}=\frac{\square}{18}$

4 次の分数を大きい順（じゅん）にかきましょう。

① $\left[2\frac{1}{3},\ \frac{8}{3},\ 1\frac{2}{3}\right]$　（　　　　　　）

② $\left[3\frac{4}{5},\ 3\frac{1}{5},\ \frac{17}{5}\right]$　（　　　　　　）

③ $\left[\frac{2}{9},\ \frac{2}{8},\ \frac{2}{7}\right]$　（　　　　　　）

④ $\left[\frac{3}{7},\ \frac{3}{4},\ \frac{3}{8}\right]$　（　　　　　　）

5 □に等号、不等号（ふとうごう）をかきましょう。

① $2\frac{3}{8}\ \square\ \frac{20}{8}$　　② $3\frac{4}{7}\ \square\ \frac{25}{7}$

分数

月　　日

名前

1 次の帯分数(たいぶんすう)の整数部分を１くり下げた分数にしましょう。

① $3\frac{1}{4} = 2\frac{(\quad)}{4}$

１くり下げる

② $1\frac{5}{6} = \frac{(\quad)}{6}$

③ $5\frac{4}{9} = (\quad)\frac{(\quad)}{(\quad)}$

④ $2\frac{3}{8} = (\quad)\frac{(\quad)}{(\quad)}$

⑤ $4\frac{2}{7} = (\quad)\frac{(\quad)}{(\quad)}$

⑥ $6\frac{1}{5} = (\quad)\frac{(\quad)}{(\quad)}$

2 次の計算をしましょう。

① $\frac{8}{9} + \frac{7}{9} =$

② $\frac{3}{8} + \frac{7}{8} =$

③ $\frac{6}{5} + \frac{4}{5} =$

④ $\frac{13}{7} + \frac{8}{7} =$

⑤ $2\frac{2}{5} + 3\frac{1}{5} =$

⑥ $2\frac{5}{12} + 1\frac{6}{12} =$

3 次の計算をしましょう。

① $\frac{13}{5}-\frac{6}{5}=$

② $\frac{8}{3}-\frac{1}{3}=$

③ $\frac{11}{6}-\frac{5}{6}=$

④ $\frac{9}{2}-\frac{3}{2}=$

⑤ $2\frac{3}{4}-1\frac{1}{4}=$

⑥ $3\frac{5}{6}-1\frac{1}{6}=$

4 次の計算をしましょう。

① $1\frac{2}{3}+\frac{2}{3}=$

② $2\frac{5}{7}+2\frac{6}{7}=$

③ $1\frac{5}{9}+3\frac{4}{9}=$

④ $2\frac{1}{3}-\frac{2}{3}=$

⑤ $5\frac{1}{8}-1\frac{5}{8}=$

⑥ $4-2\frac{5}{6}=$

できた度

☆☆☆☆☆

分数

月　日
名前

1 下の数直線のめもりが表す数を分数でかきましょう。㋑は仮分数で表しましょう。 (5点×2)

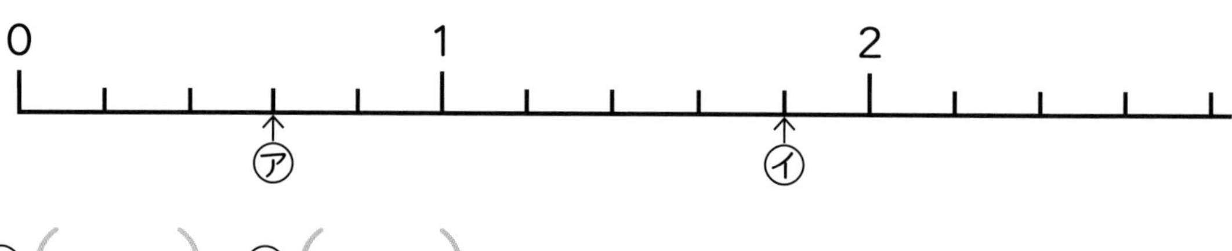

㋐(　　)　㋑(　　)

2 仮分数は帯分数か整数に、帯分数は仮分数に直しましょう。 (5点×4)

① $\frac{11}{3}$(　　)　② $\frac{16}{4}$(　　)

③ $1\frac{3}{7}$(　　)　④ $3\frac{1}{6}$(　　)

3 等しい分数を2つかきましょう。 (5点×2)

① $\frac{1}{4}$(　　)　② $\frac{1}{5}$(　　)

4 次の分数を大きい順にかきましょう。 (5点×2)

① $\left[1\frac{4}{7},\ \frac{6}{7},\ \frac{12}{7}\right]$ (　　)

② $\left[\frac{2}{5},\ \frac{2}{9},\ \frac{2}{7}\right]$ (　　)

5 次の計算をしましょう。 (5点×10)

① $\frac{4}{7}+\frac{6}{7}=$

② $\frac{15}{9}-\frac{8}{9}=$

③ $1\frac{2}{5}+2\frac{1}{5}=$

④ $3\frac{7}{8}-1\frac{1}{8}=$

⑤ $2\frac{2}{11}+1\frac{4}{11}=$

⑥ $4-1\frac{1}{4}=$

⑦ $1\frac{2}{7}+2\frac{5}{7}=$

⑧ $3\frac{1}{5}-1\frac{2}{5}=$

⑨ $3\frac{5}{8}+2\frac{7}{8}=$

⑩ $3\frac{4}{9}-2\frac{8}{9}=$

角

月　　日
名前

1 □にあてはまる数を入れましょう。 (5点× 2)

① 1直角＝□°　　② 半回転の角度（2直角）＝□°

ホップ 1 へ!

2 何度ですか。 (5点× 2)

①
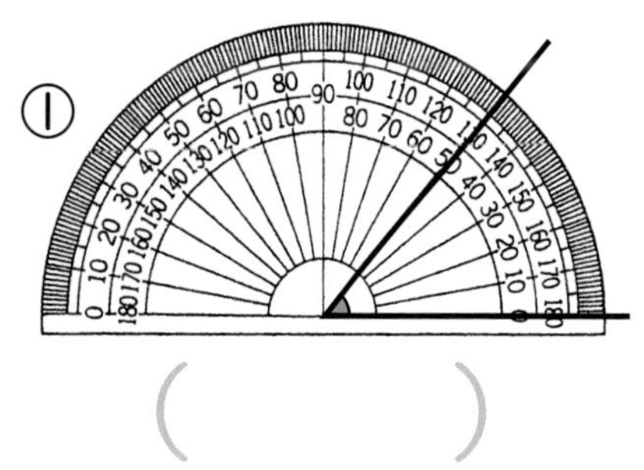

（　　　）

②
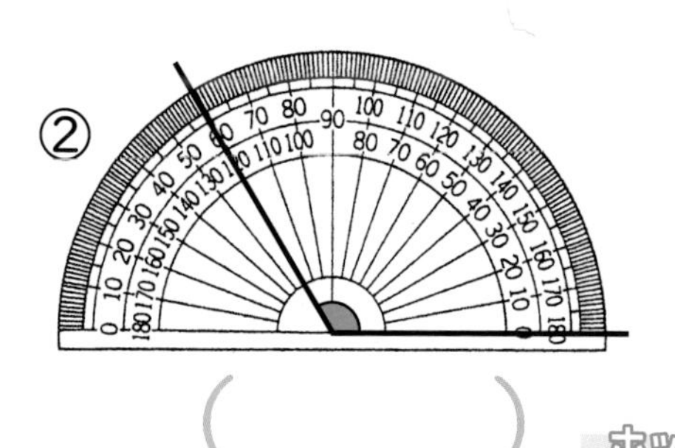

（　　　）

ホップ 2 へ!

3 分度器(ぶんどき)を使って角度をはかりましょう。 (5点× 2)

①
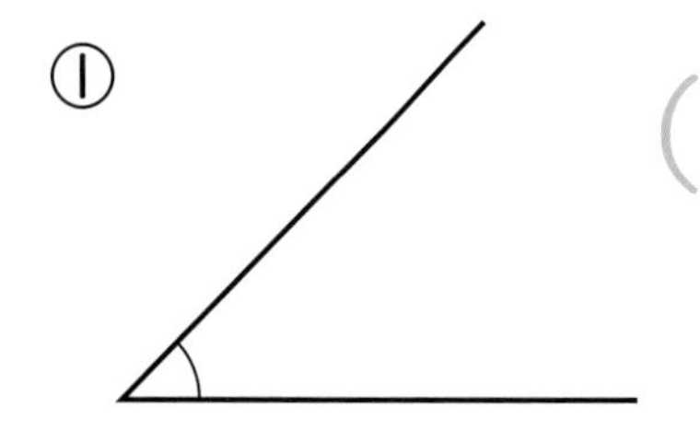

（　　　）

②（　　　）

4 三角じょうぎの角度をかきましょう。 (5点× 4)

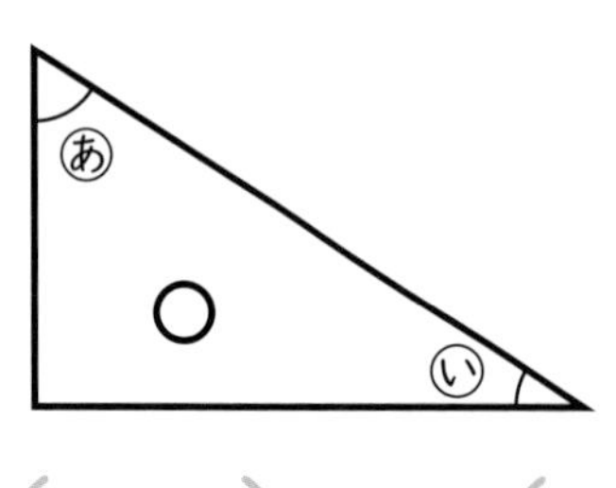

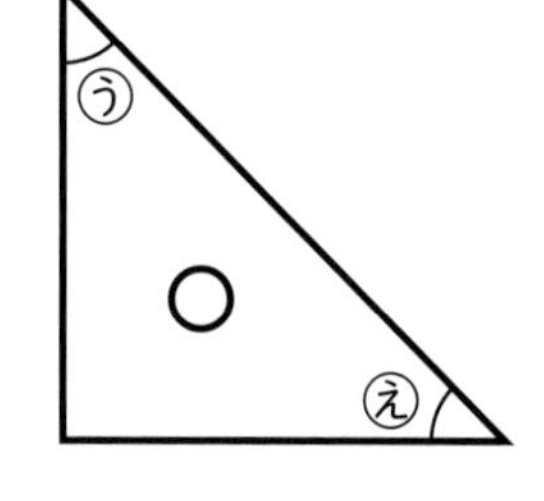

あ（　　　）　い（　　　）　う（　　　）　え（　　　）

ホップ 4 へ!

5 分度器とじょうぎで、次の大きさの角をかきましょう。 (5点×2)

① 30°　　② 45°

ステップ1へ!

6 次の角度を計算で求(もと)めましょう。 (各式5点、答え5点)

① 20°

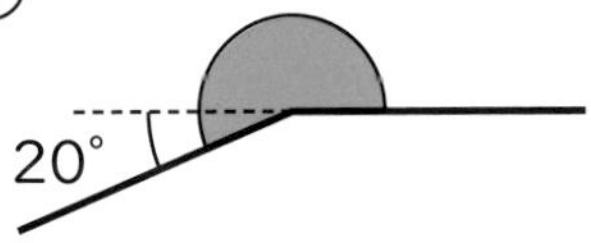

式

答え

② 50°

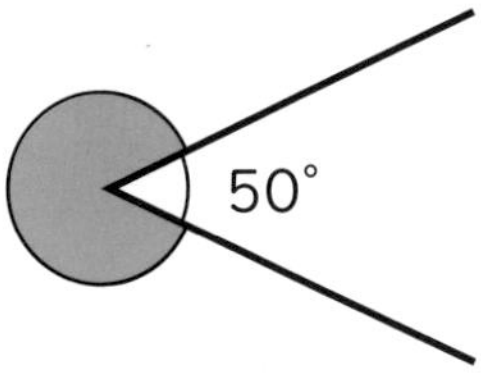

式

答え

ステップ2へ!

7 三角じょうぎを2まい組み合わせた角度を求めましょう。(5点×4)

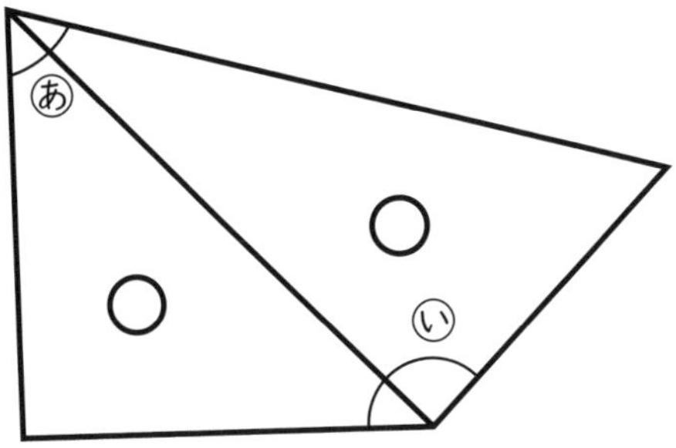

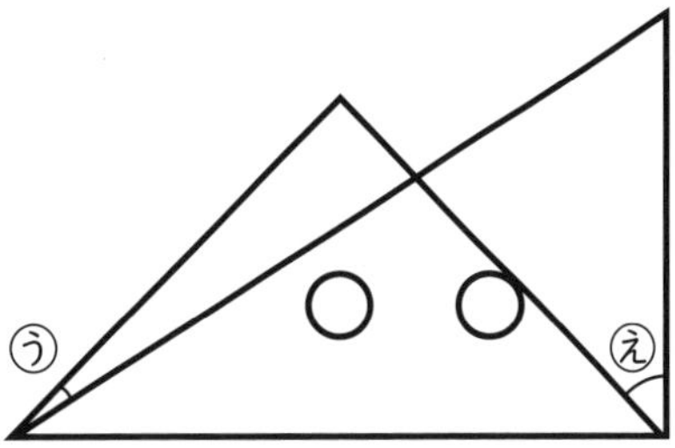

あ（　　）　い（　　）　う（　　）　え（　　）

ステップ3へ!

点

がんばったね!

角

月　日

名前

1 □にあてはまる数を入れましょう。

① 1直角＝□° ② 半回転の角度（2直角）＝□°

③ 3直角＝□° ④ 一回転の角度（4直角）＝□°

2 何度ですか。

①

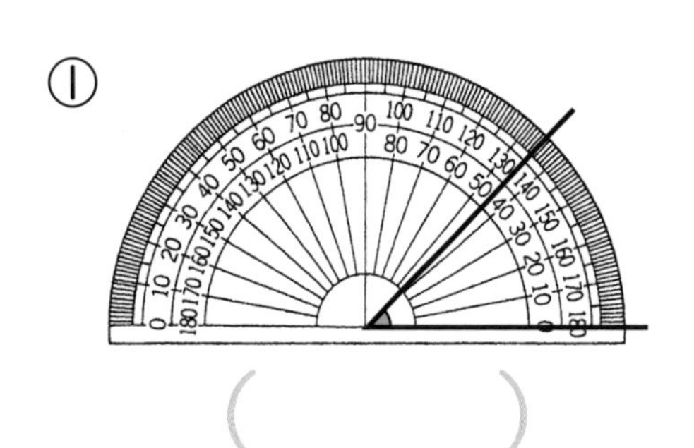

（　　　）

②

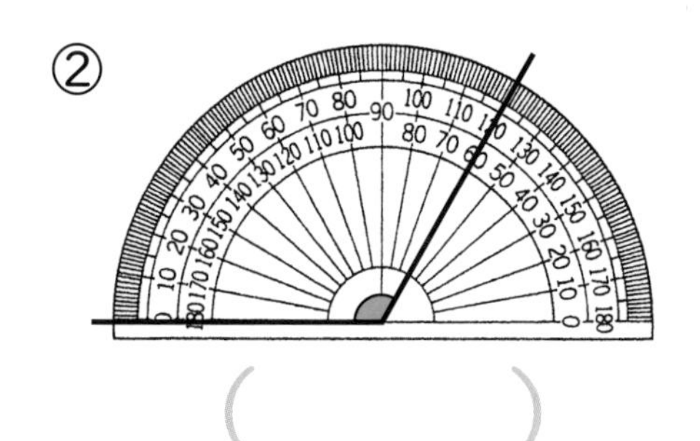

（　　　）

③

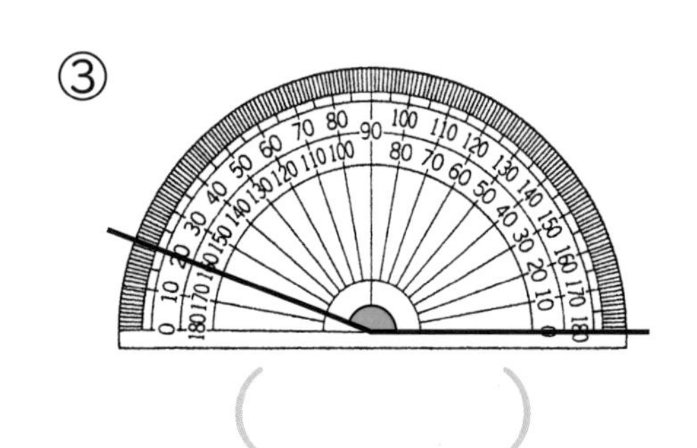

（　　　）

④

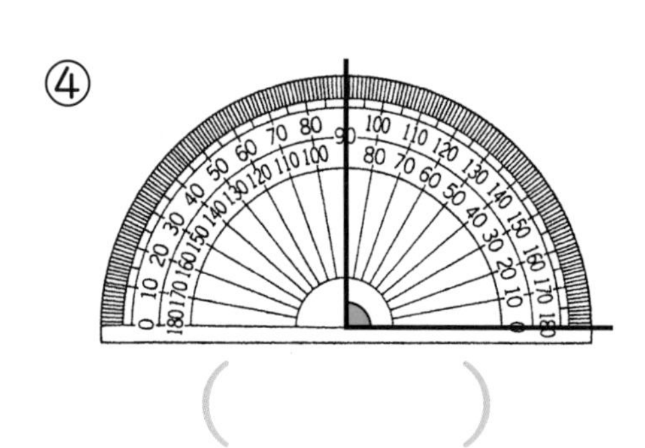

（　　　）

直角に等分した1つ分を1直角（90°）といいます。

半回転の角度は

1回転の角度は　　　　　の図を入れます。

3 分度器(ぶんどき)を使って角度をはかりましょう。

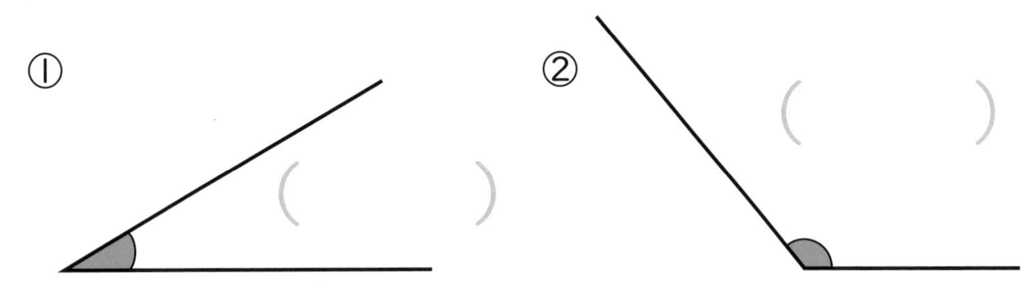

4 三角じょうぎの角度をかきましょう。

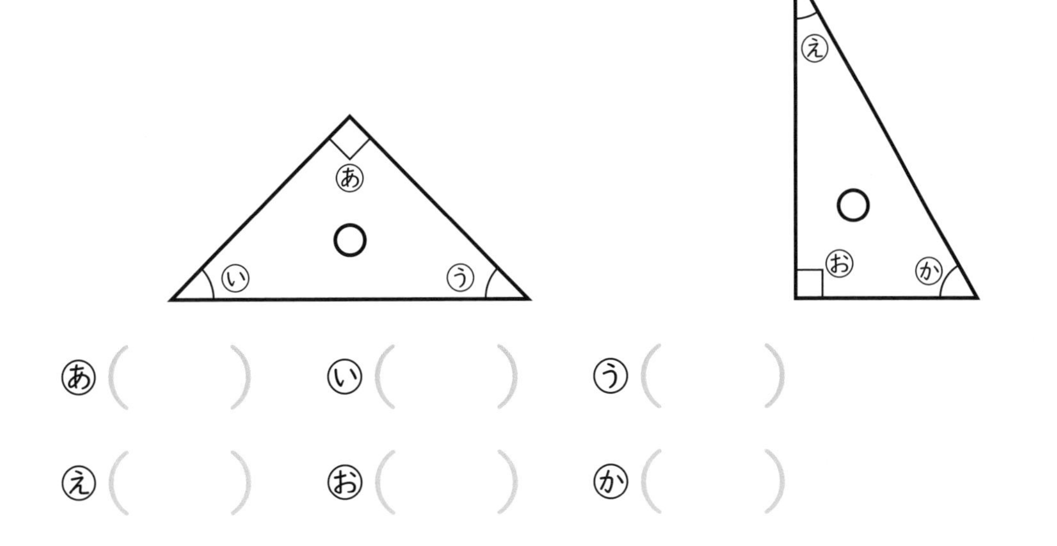

あ( ) い( ) う( )

え( ) お( ) か( )

角

月　　日
名前

1 分度器とじょうぎで、次の大きさの角をかきましょう。

① 50°

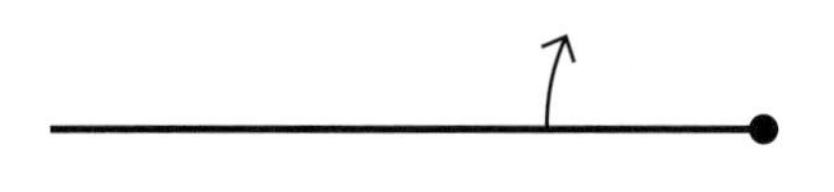

② 70°

③ 210°

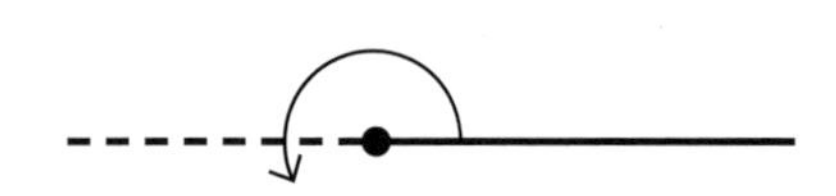

④ 300°

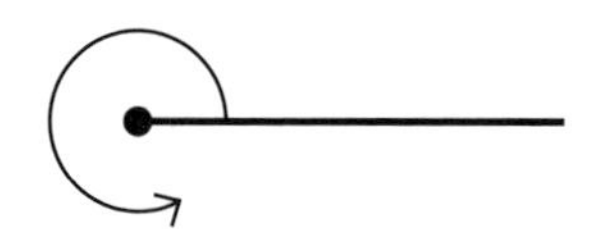

2 次の角度を計算で求めましょう。

①

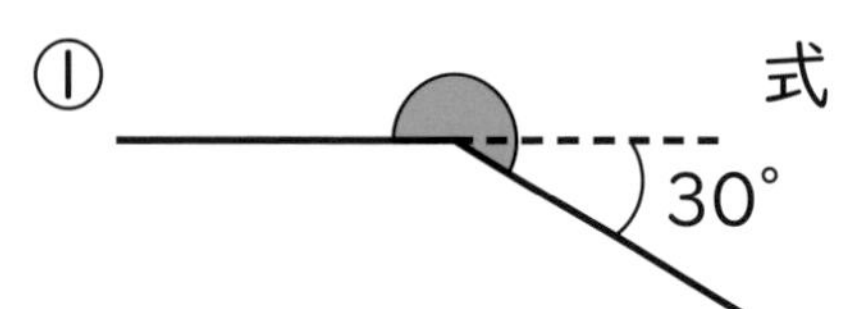

式

答え

② 70°

式

答え

③ 30°

式

答え

④ 40°

式

答え

3 三角じょうぎを２まい組み合わせた角度を求めましょう。

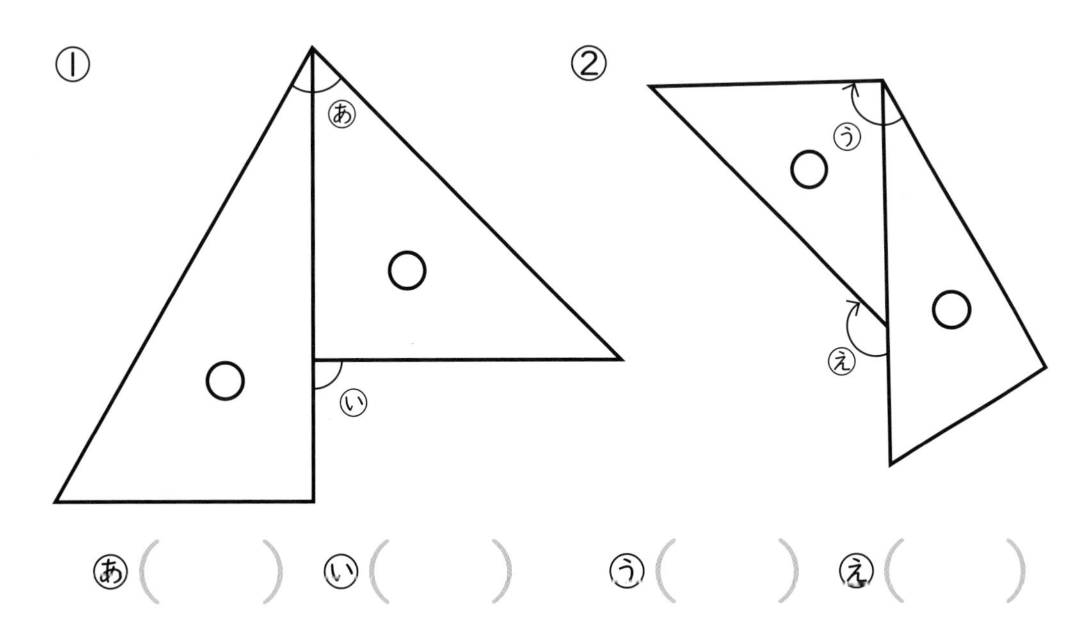

あ（　　　）い（　　　）　う（　　　）え（　　　）

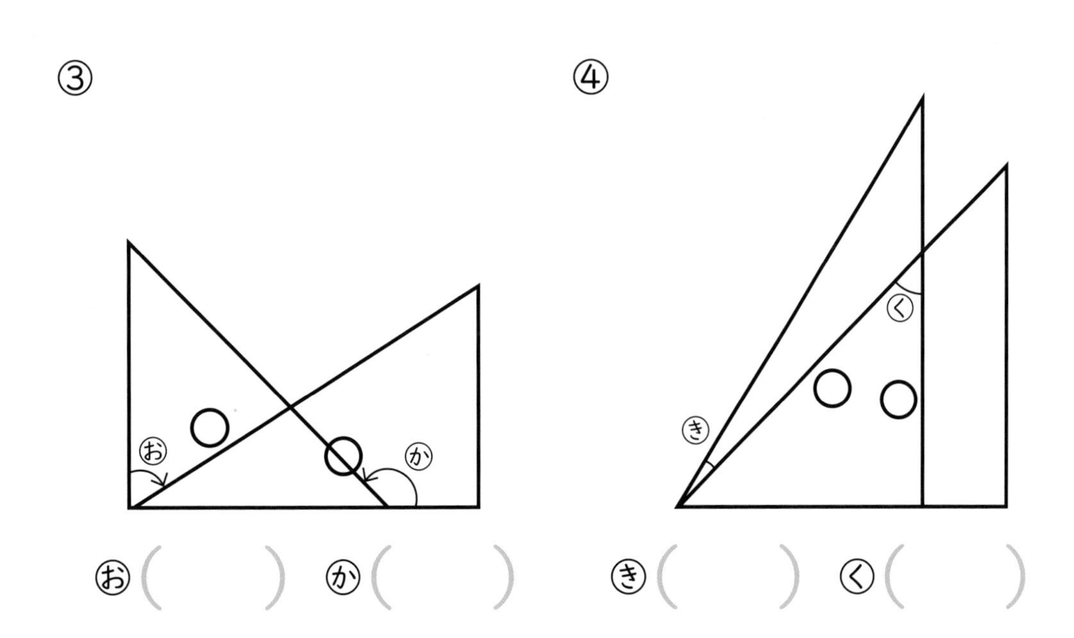

お（　　　）か（　　　）　き（　　　）く（　　　）

角

月　　日

名前

1 □にあてはまる数を入れましょう。 (5点×2)

① 1直角＝□°　　② 一回転の角度（4直角）＝□°

2 何度ですか。 (5点×2)

①
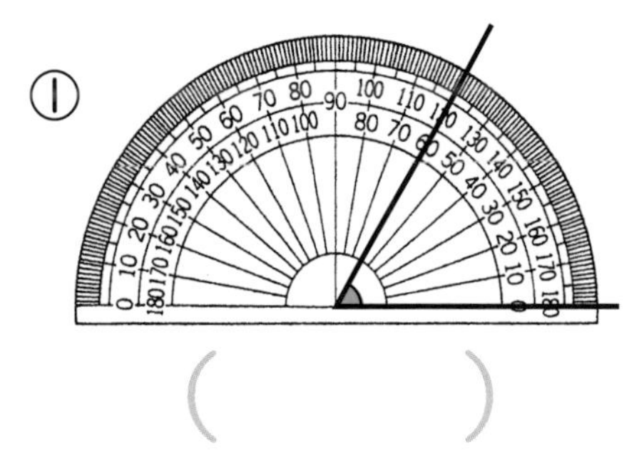
（　　）

②
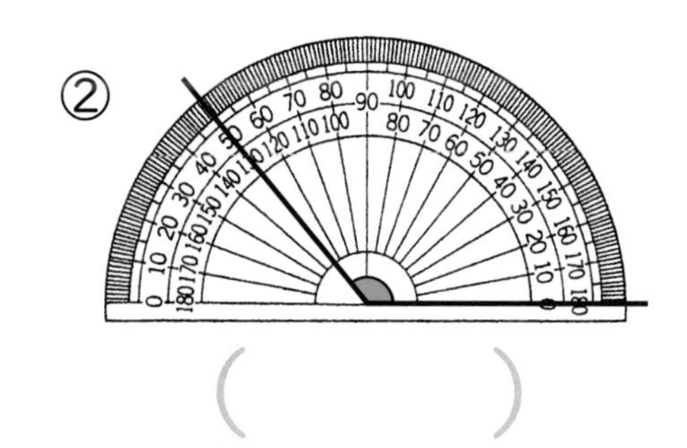
（　　）

3 分度器（ぶんどき）を使って角度をはかりましょう。 (5点×2)

①
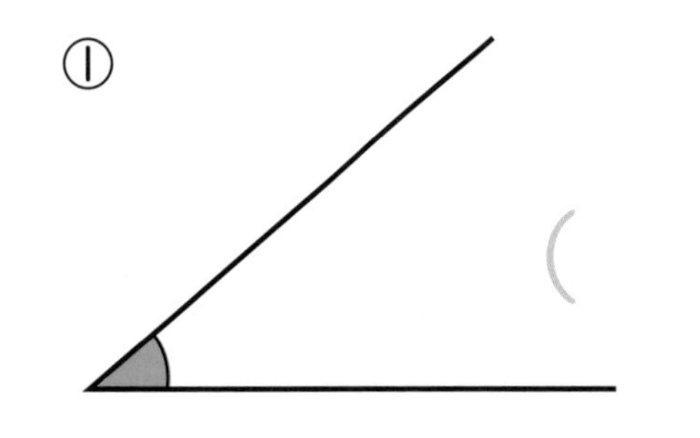
（　　）

②

（　　）

4 三角じょうぎの角度をかきましょう。 (5点×4)

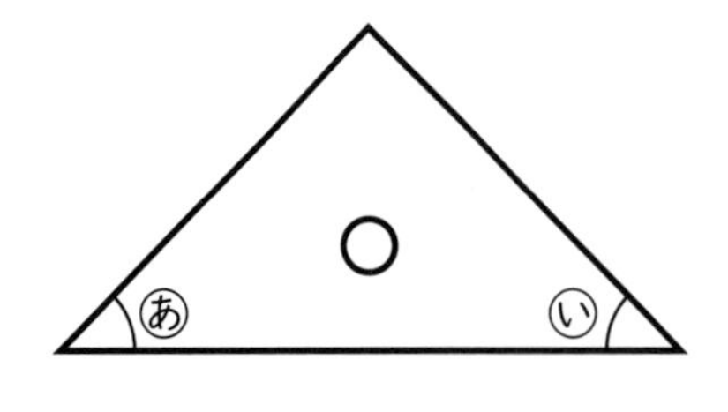

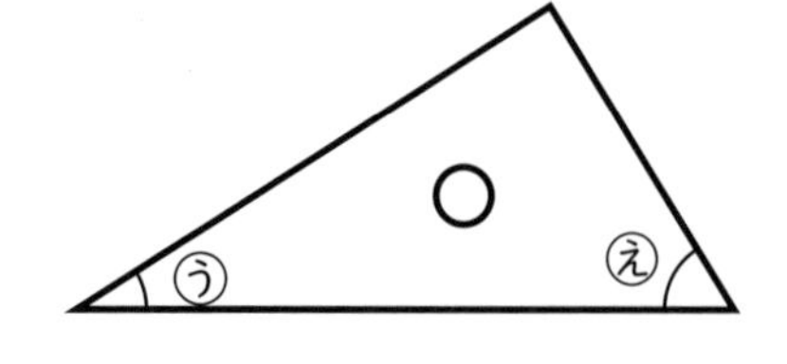

あ（　　）　い（　　）　う（　　）　え（　　）

5 分度器とじょうぎで次の大きさの角をかきましょう。 (5点×2)

① 50°　　② 85°

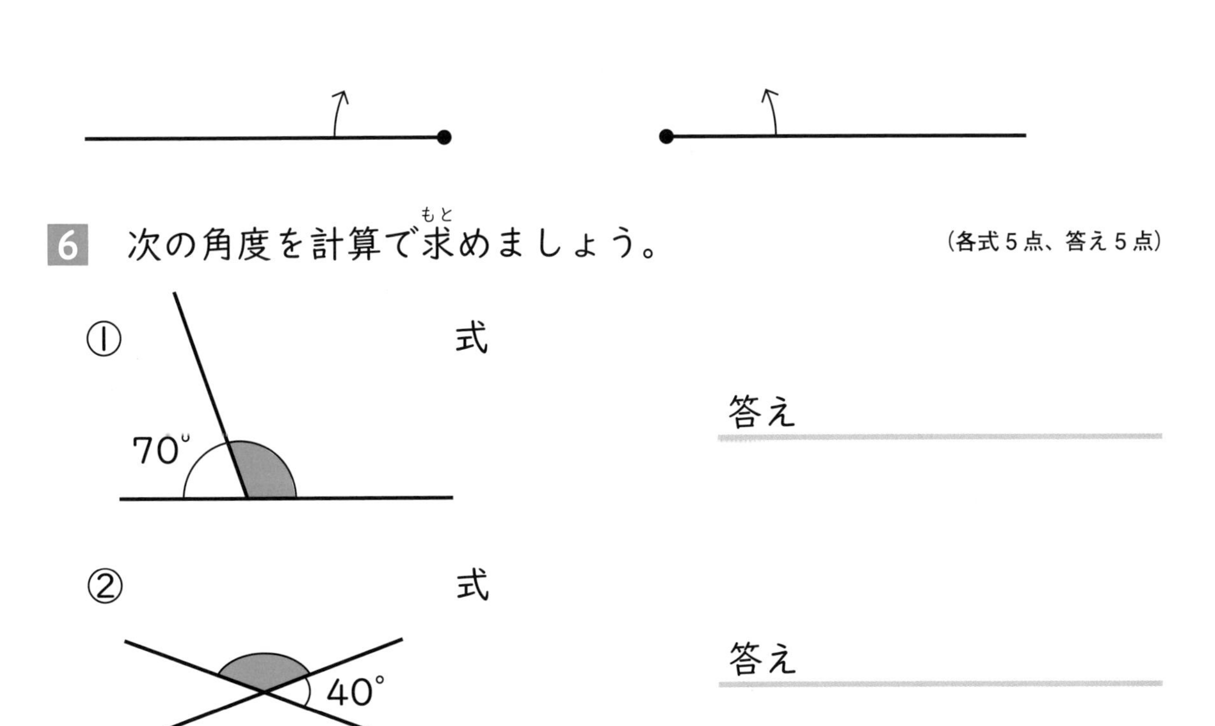

6 次の角度を計算で求(もと)めましょう。 (各式5点、答え5点)

① 式

答え

② 式

答え

7 三角じょうぎを2まい組み合わせた角度を求めましょう。

(5点×4)

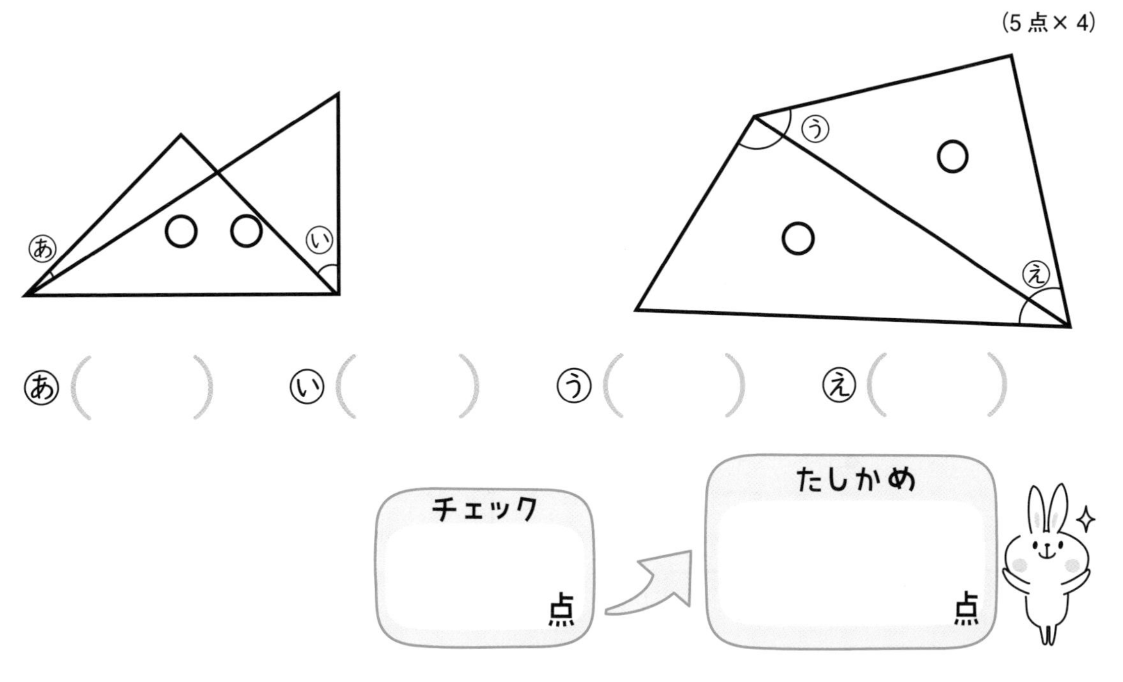

チェック

垂直と平行と四角形

月　日
名前

1 次の図について答えましょう。 (5点×6)

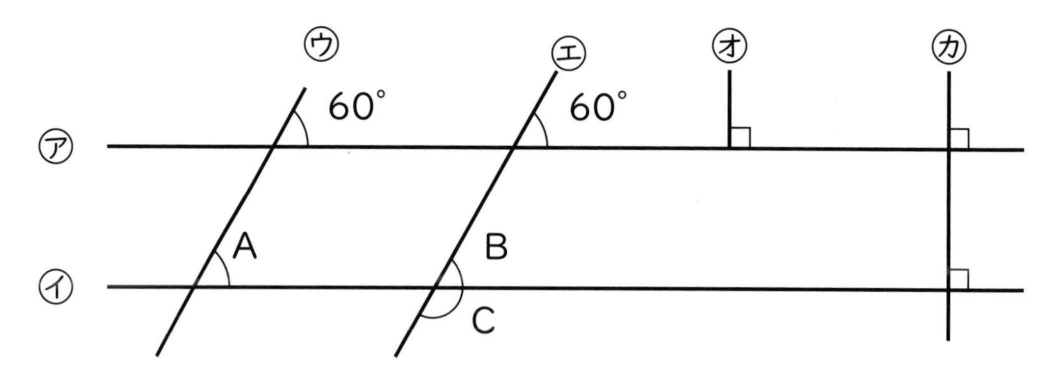

① ㋐の直線に垂直（すいちょく）な直線はどれとどれですか。（　）（　）

② ㋐の直線に平行な直線はどれですか。（　）

③ 角A、B、Cはそれぞれ何度ですか。

角A（　）　角B（　）　角C（　）

ホップ 1 へ!

2 点アを通って、直線Aに垂直な直線をひきましょう。 (5点×2)

ホップ 3 へ!

3 点アを通って、直線Aに平行な直線をひきましょう。 (5点×2)

① ア

A

② A

ア

ホップ 4 へ!

4 次の特(とく)ちょうがある四角形を選んで記号でかきましょう。(5点×4)

① ２本の対角線の長さが等しい　(　　　)

② ２本の対角線がそれぞれの真ん中の点で交わる　(　　　)

③ 向かい合った２組の辺(へん)が平行である　(　　　)

④ ４つの辺の長さがすべて等しい　(　　　)

ⓐ台形　ⓘ平行四辺形　ⓤひし形　ⓔ長方形　ⓞ正方形

ステップ 1 へ!

5 次の図形をかきましょう。(15点×2)

① 平行四辺形

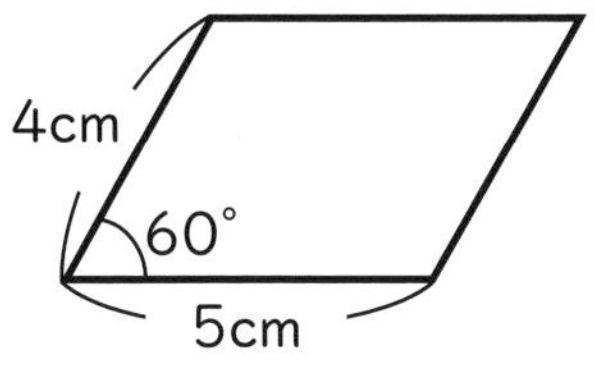

4cm
60°
5cm

② 台形

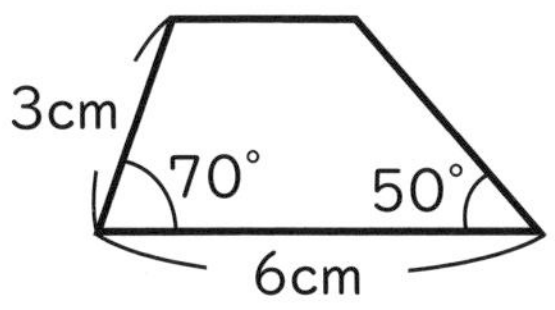

3cm
70°
50°
6cm

ステップ 2 へ!

点

がんばったね!

垂直と平行と四角形

月　日
名前

1 次の図について答えましょう。

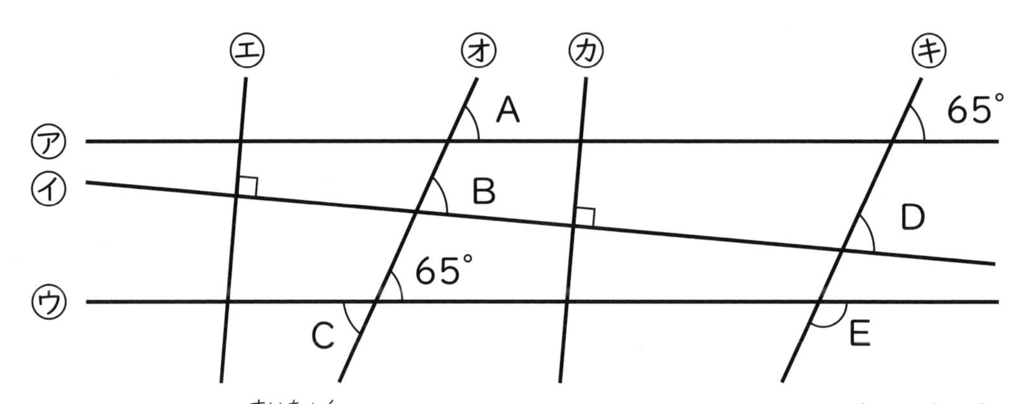

① ㋑の直線に垂直(すいちょく)な直線はどれとどれですか。（　　）（　　）

② 平行な直線の２組をかきましょう。

（　　と　　）（　　と　　）（　　と　　）

③ 65°の角はどれですか。全てかきましょう。（　　　　）

2 次の文で正しいものは○、まちがっているものには×をつけましょう。

①（　　）１本の直線に垂直な２本の直線は平行である。

②（　　）長方形のとなり合った辺(へん)は平行である。

③（　　）ひし形の対角線は垂直に交わっている。

④（　　）電車のレールのように、はばが等しいならまがっていても平行だといえる。

⑤（　　）向かい合った２組の辺が平行な図形は平行四辺形だけである。

3 点アを通って、直線Aに垂直な直線をひきましょう。

① A ア

② A ア

③ A ア

④ A ア

4 点アを通って、直線Aに平行な直線をひきましょう。

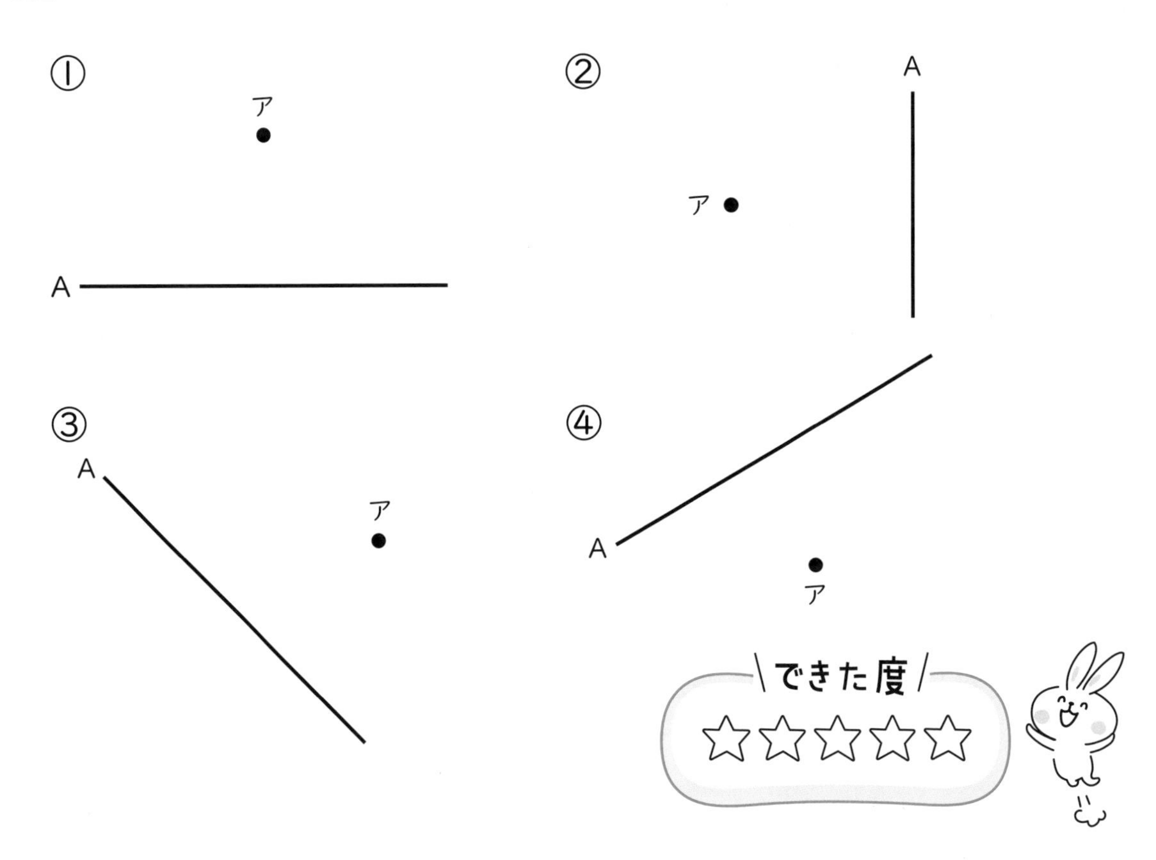

垂直と平行と四角形

月　　日
名前

1 次の四角形について答えましょう。

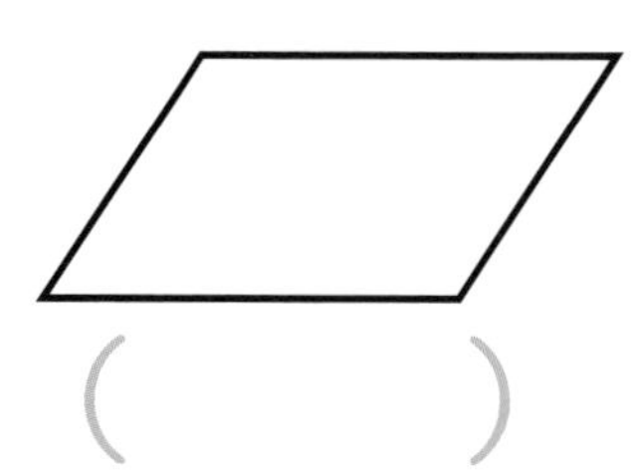
（　　　　）

㋑
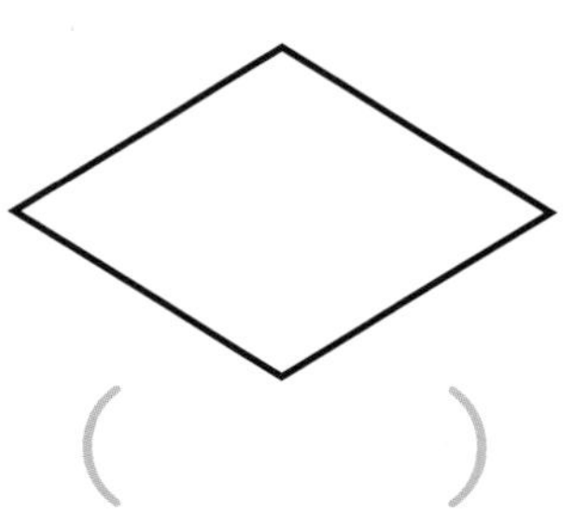
（　　　　）

㋒

（　　　　）

㋓

（　　　　）

㋔
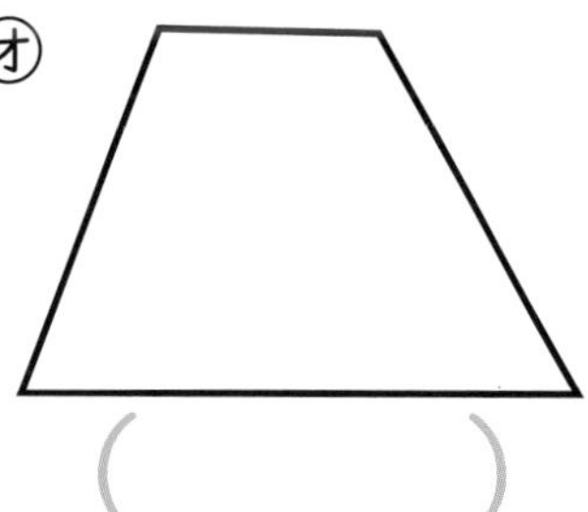
（　　　　）

① それぞれの図形に対角線をひきましょう。

② それぞれの図形の名前を（　）にかきましょう。

③ 2本の対角線の長さが等しい四角形の名前をかきましょう。

（　　　　　　　　　　）

④ 2本の対角線がそれぞれ真ん中の点で交わり、また垂直(すいちょく)である四角形の名前をかきましょう。

（　　　　　　　　　　）

⑤ 4つの辺(へん)の長さが等しい四角形の名前をかきましょう。

（　　　　　　　　　　）

⑥ 向かい合った2組の辺が平行な四角形の名前をかきましょう。

（　　　　　　　　　　）

2 次の図形をかきましょう。

① 平行四辺形

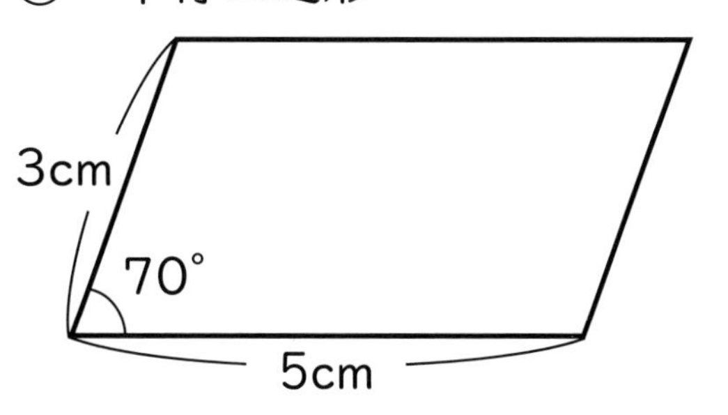

5cm

② 台形

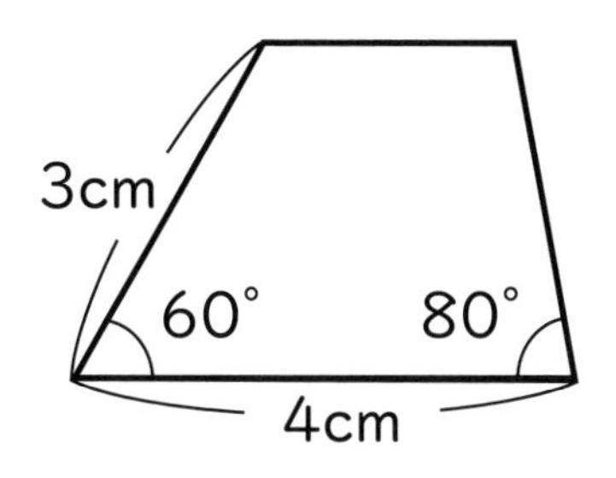

4cm

③ ひし形

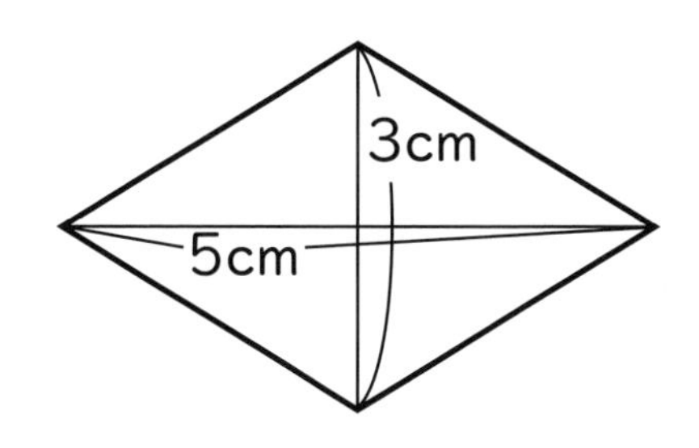

5cm

たしかめ

垂直と平行と四角形

月　日
名前

1 次の図について答えましょう。 (5点×6)

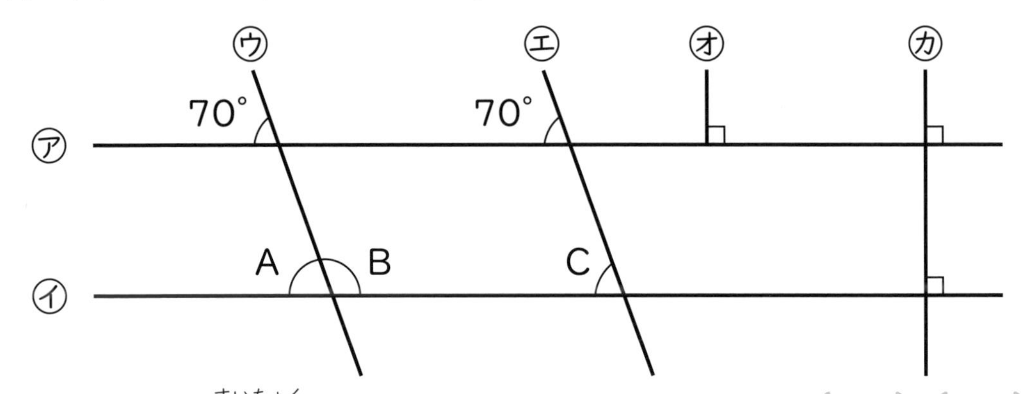

① ㋐の直線に垂直な直線はどれとどれですか。 (　　)(　　)

② ㋐の直線に平行な直線はどれですか。 (　　)

③ 角A、B、Cはそれぞれ何度ですか。

角A(　　)　角B(　　)　角C(　　)

2 点アを通って直線Aに垂直な直線をひきましょう。 (5点×2)

3 点アを通って直線Aに平行な直線をひきましょう。 (5点×2)

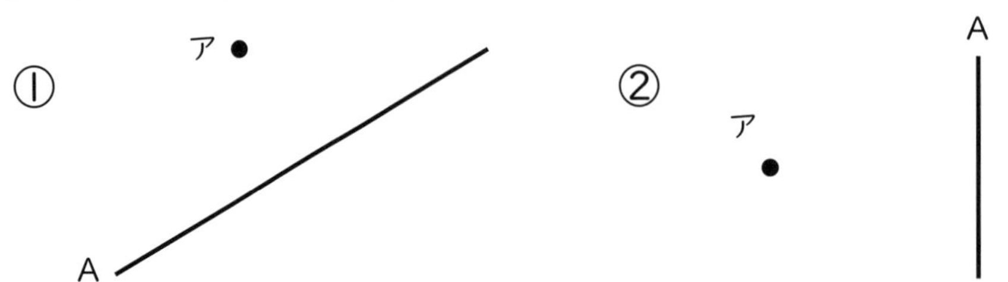

4 次の特(とく)ちょうがある四角形を選んで記号でかきましょう。(5点×4)

① 4つの辺(へん)の長さがすべて等しい （　　　）

② 向かい合った2組の辺が平行である （　　　）

③ 2本の対角線の長さが等しい （　　　）

④ 2本の対角線がそれぞれの真ん中の点で交わる （　　　）

㋐台形	㋑平行四辺形	㋒ひし形	㋓長方形	㋔正方形

5 次の図形をかきましょう。 (15点×2)

① 平行四辺形

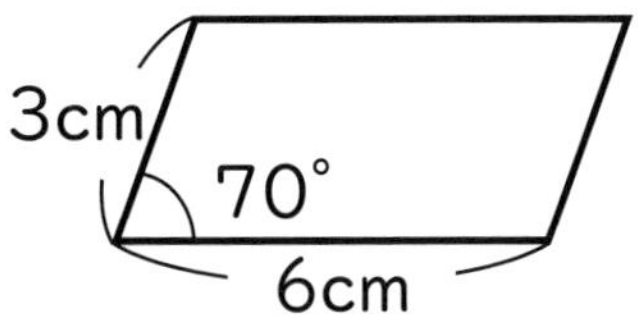

3cm　70°　6cm

② ひし形

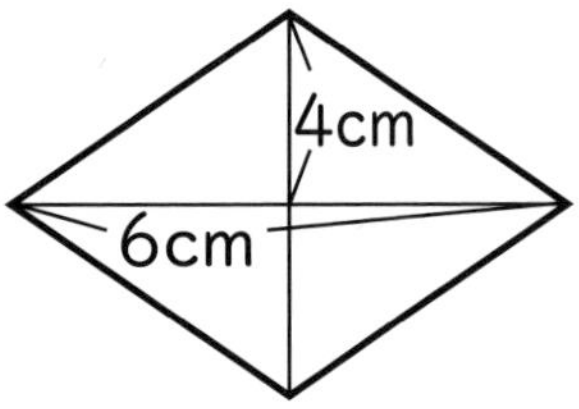

4cm　6cm

チェック　点

たしかめ　点

チェック

立体

月　日
名前

1 次の立体について答えましょう。 (5点×8)

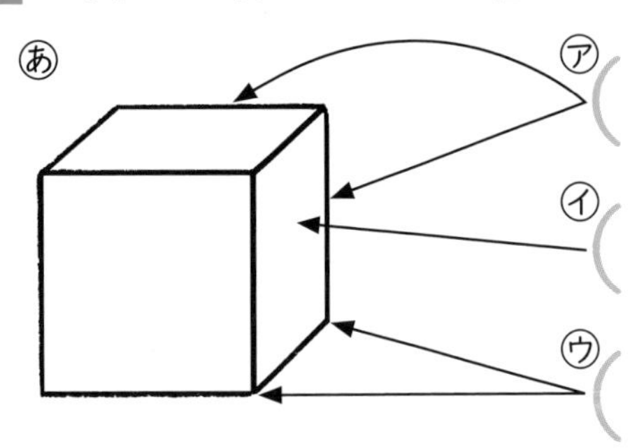

㋐（　　　　）
㋑（　　　　）
㋒（　　　　）

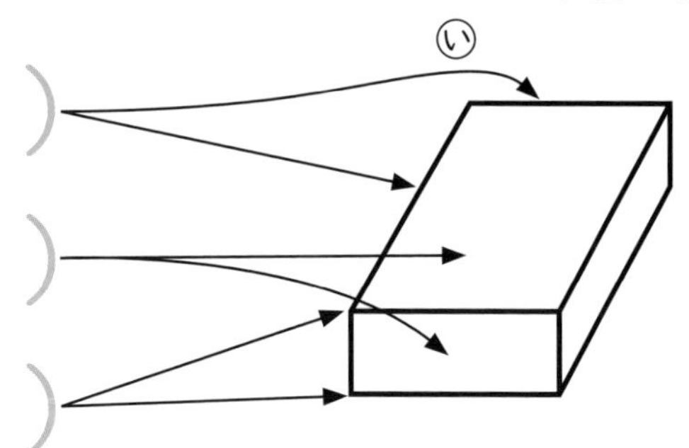

① ㋐、㋑、㋒に部分の名前をかきましょう。

② 立体の名前をかきましょう。

あ（　　　　）　い（　　　　）

③ あの㋐、㋑、㋒の数をかきましょう。

㋐（　　）　㋑（　　）　㋒（　　）

ホップ 1 へ!

2 次の展開図(てんかいず)と見取り図を完成(かんせい)させましょう。 (5点×2)

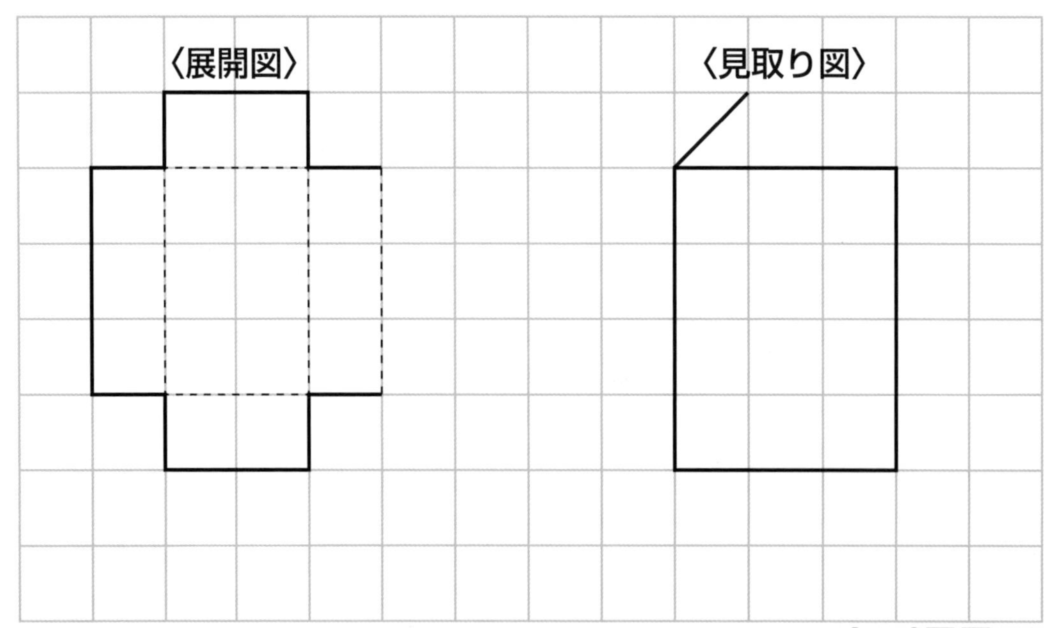

ホップ 4 5 へ!

3 次の立体について答えましょう。 (5点×10)

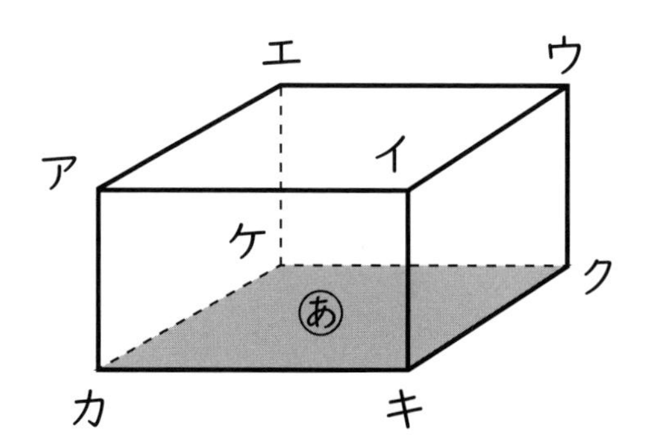

① 面あ（面カキクケ）に垂直(すいちょく)な面をすべてかきましょう。

(　　　　　　) (　　　　　　)

(　　　　　　) (　　　　　　)

② 面あに平行な面をかきましょう。

(　　　　　　)

③ 面あに垂直な辺(へん)をすべてかきましょう。

(　　　　　　) (　　　　　　)

(　　　　　　) (　　　　　　)

④ 辺アカに垂直な辺は何本ありますか。

(　　　　　　)

ステップ 3 へ!

立体

月　日
名前

1 次の立体について答えましょう。

① それぞれの部分の名前をかきましょう。

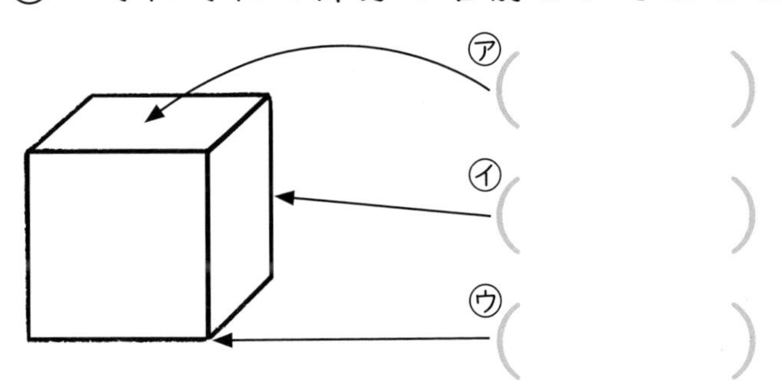

② ㋐、㋑、㋒の数をかきましょう。

㋐（　　　）　㋑（　　　）　㋒（　　　）

2 立体とその説明(せつめい)で正しいものを線で結(むす)びましょう。

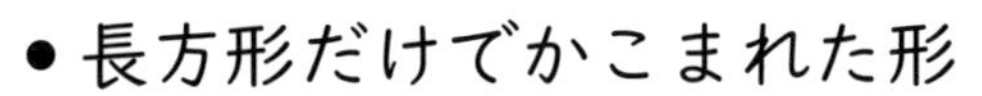

- 長方形だけでかこまれた形

立方体 ●

- 正方形だけでかこまれた形

直方体 ●

- 長方形と正方形でかこまれた形

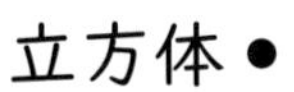

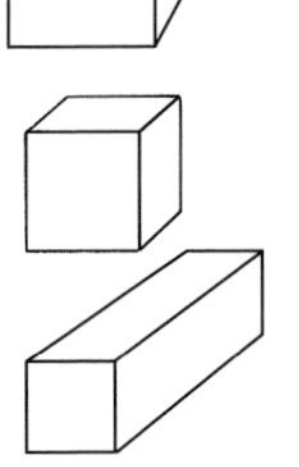

3 次の立体について答えましょう。

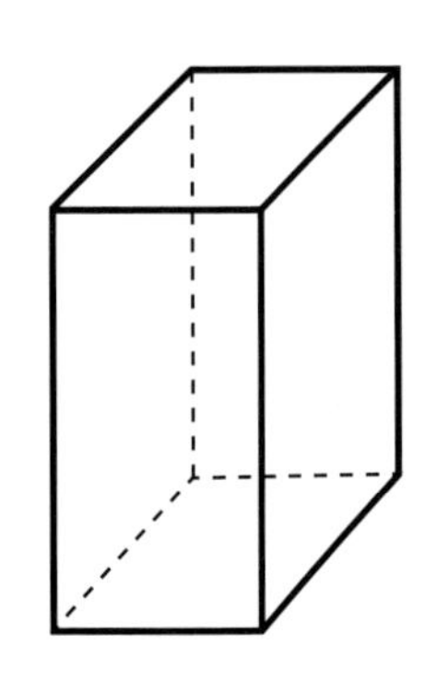

① 立体の名前をかきましょう。

（　　　）

② 形も大きさも同じ面は、何組ありますか。

（　　　）

4 次の立体の展開図をかきましょう。

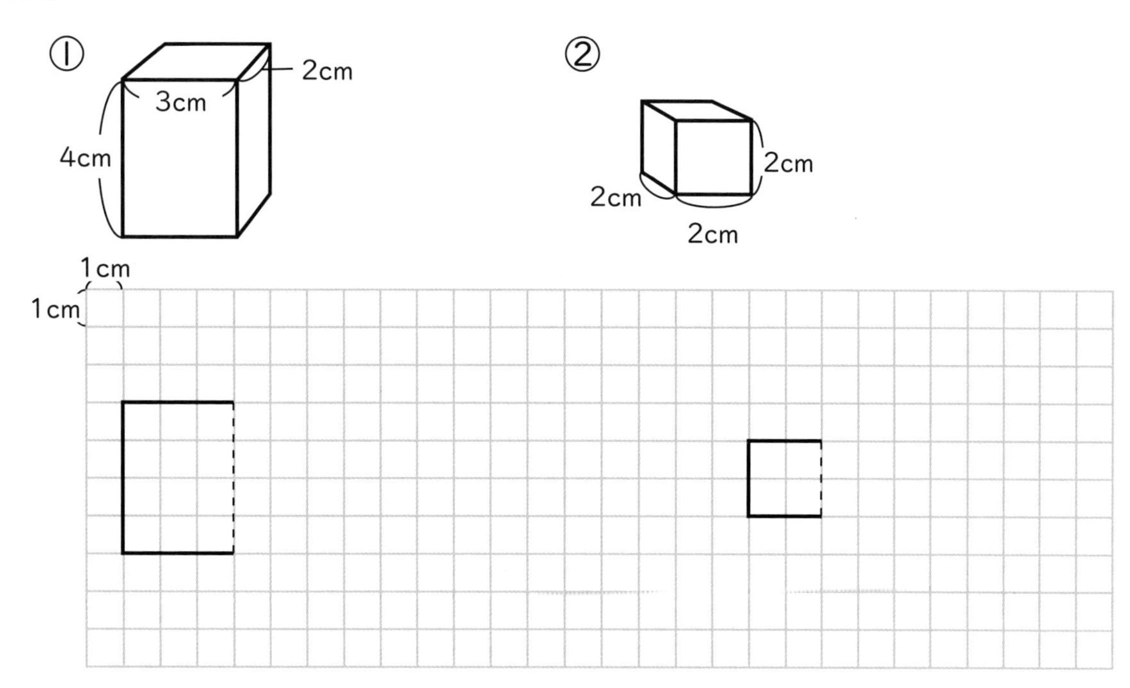

5 次の見取り図を完成させましょう。

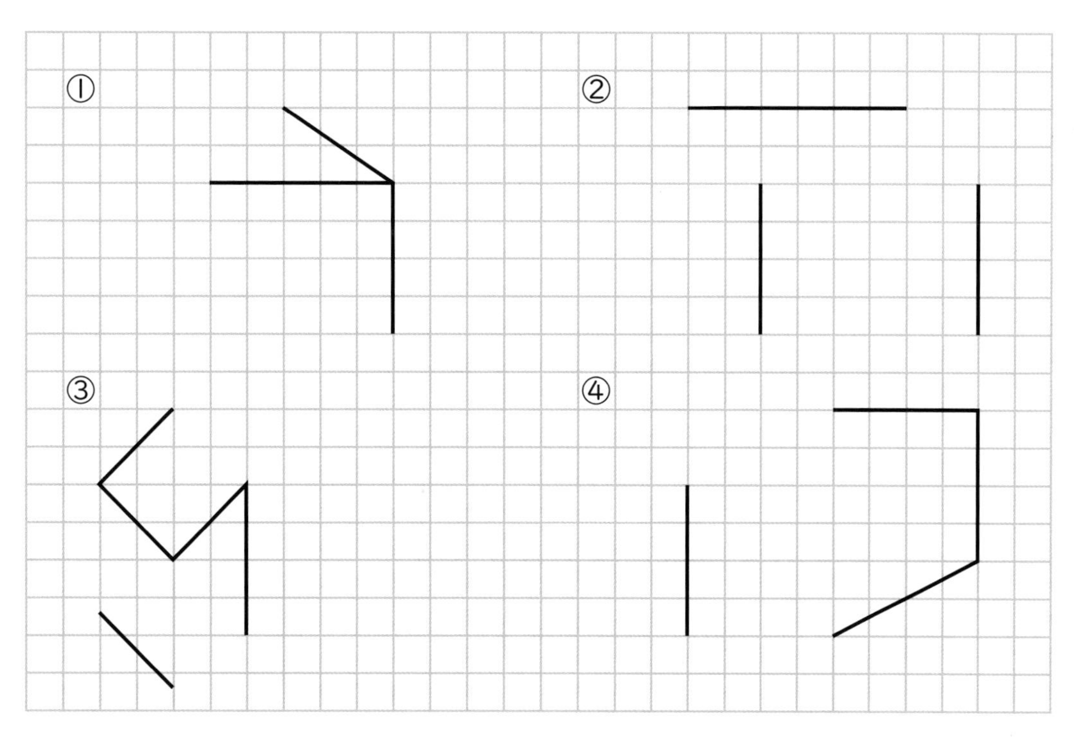

立体

月　日
名前

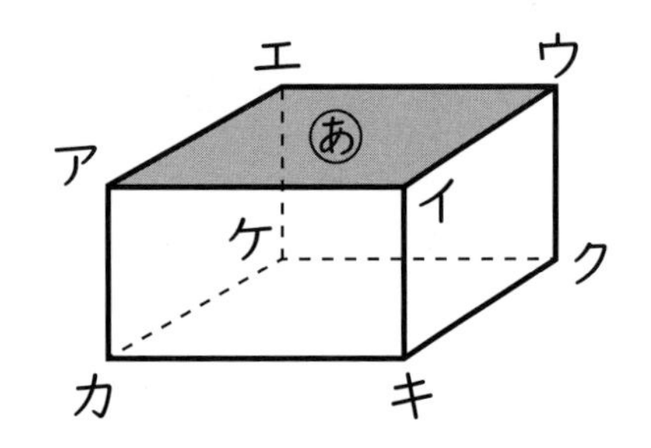

1 次の立体について答えましょう。

① 面ⓐ（面アイウエ）に
垂直(すいちょく)な面をかきましょう。

面（　　　　　）　面（　　　　　）

面（　　　　　）　面（　　　　　）

② 面ⓐに平行な面をかきましょう。

面（　　　　　）

③ 面イキクウに垂直な面をかきましょう。

面（　　　　　）　面（　　　　　）

面（　　　　　）　面（　　　　　）

④ 面イキクウに平行な面をかきましょう。

面（　　　　　）

2 右の立方体の展開図(てんかいず)を組み立てます。

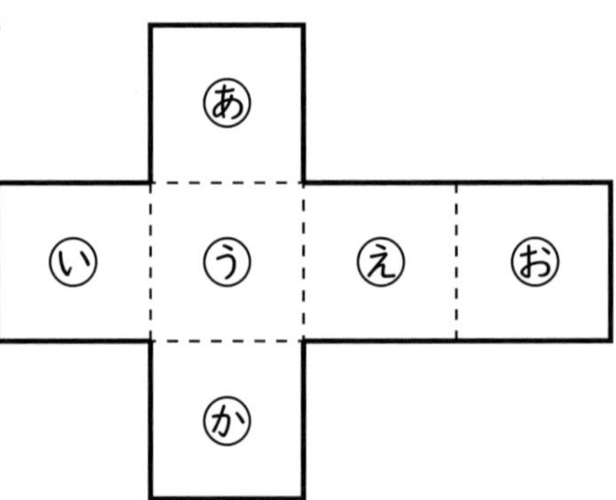

① 面ⓐに平行な面はどれですか。

面（　　）

② 面ⓘに平行な面はどれですか。

面（　　）

3 次の立体について答えましょう。

① 面あ（面アイウエ）に垂直な辺（へん）はどれですか。

辺（　　　）　辺（　　　）

辺（　　　）　辺（　　　）

エ
ウ
あ
ア
イ
ケ
ク
カ
キ

② 辺アイに垂直な辺をかきましょう。

辺（　　　）　辺（　　　）　辺（　　　）　辺（　　　）

③ 辺アイに平行な辺をかきましょう。

辺（　　　）　辺（　　　）　辺（　　　）

④ 辺イキに垂直な辺をかきましょう。

辺（　　　）　辺（　　　）　辺（　　　）　辺（　　　）

4 右の立方体の展開図を組み立てます。

① 辺アイに平行な辺をかきましょう。

辺（　　　）　辺（　　　）

辺（　　　）

② 辺ウカに垂直な面をかきましょう。

面（　　　）　面（　　　）

ス
シ
あ
セ
サ
コ
ア
ケ
い
う
え
お
イ
ク
ウ
カ
キ
か
エ
オ

できた度
☆☆☆☆☆

たしかめ

立体

月　日
名前

1 次の立体について答えましょう。 (5点×8)

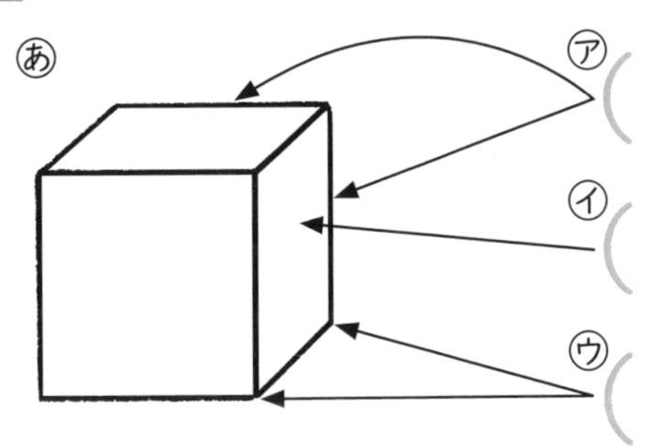

ア（　　　）
イ（　　　）
ウ（　　　）

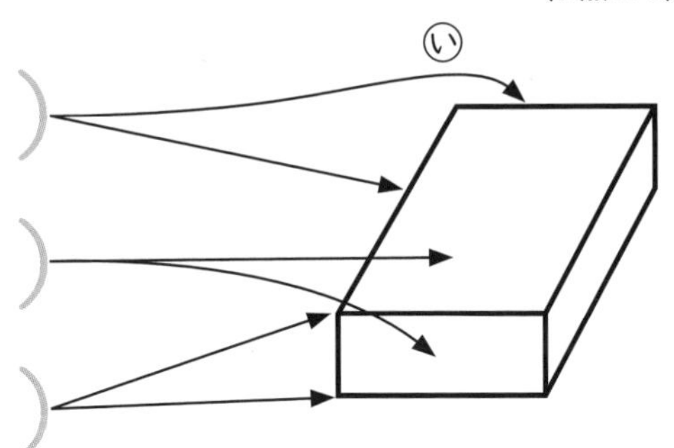

① ア、イ、ウの部分の名前をかきましょう。

② 立体の名前をかきましょう。

あ（　　　　　）　い（　　　　　）

③ いのア、イ、ウの数をかきましょう。

ア（　　）　イ（　　）　ウ（　　）

2 次の展開図(てんかいず)と見取り図を完成(かんせい)させましょう。 (5点×2)

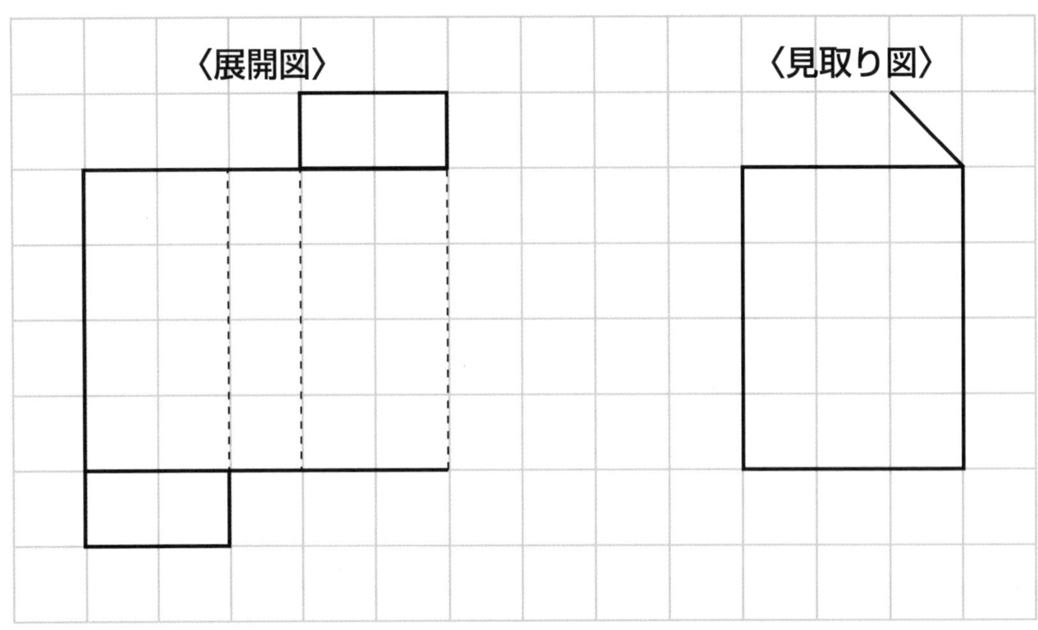

3　次の立体について答えましょう。　(5点×10)

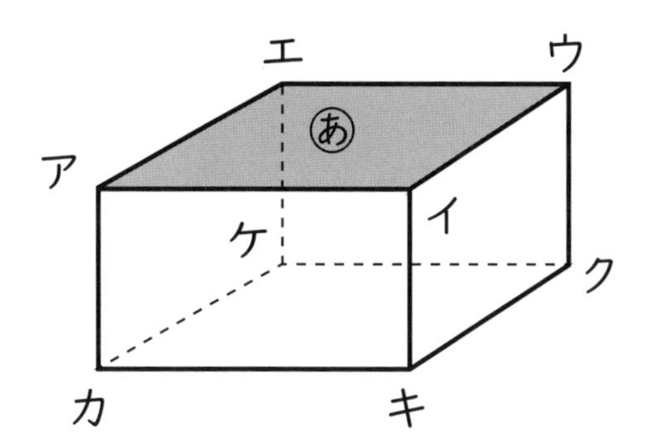

① 面あ（面アイウエ）に垂直(すいちょく)な面をかきましょう。

(　　　　　)(　　　　　)

(　　　　　)(　　　　　)

② 面あに平行な面をかきましょう。

(　　　　　)

③ 面あに垂直な辺(へん)をかきましょう。

(　　　　　)(　　　　　)

(　　　　　)(　　　　　)

④ 辺アカに垂直な辺は何本ありますか。

(　　　　　)

面積

月　　日

名前

1 次の図形の面積(めんせき)はそれぞれ何 cm^2 ですか。 (5点×4)

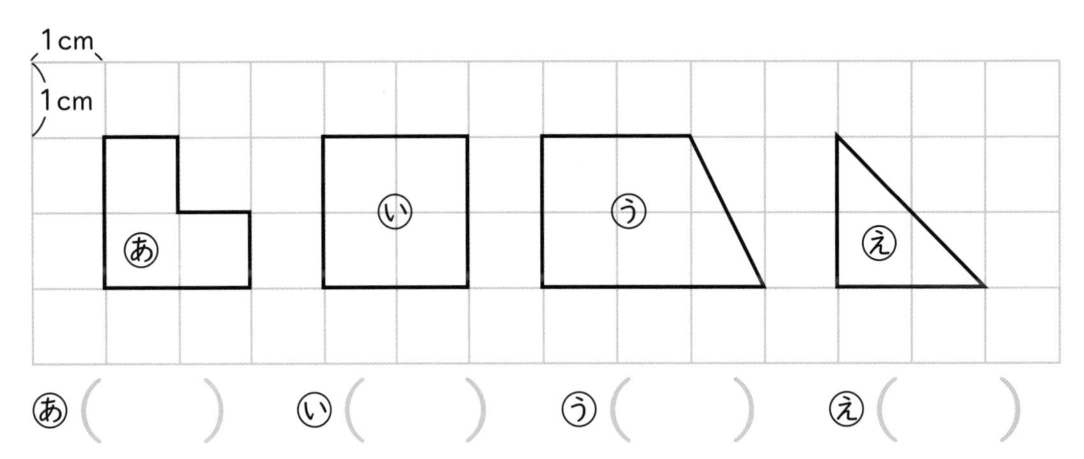

あ(　　　)　い(　　　)　う(　　　)　え(　　　)

ホップ 2 へ!

2 長方形と正方形の面積を求(もと)めましょう。 (式5点、答え5点)

①

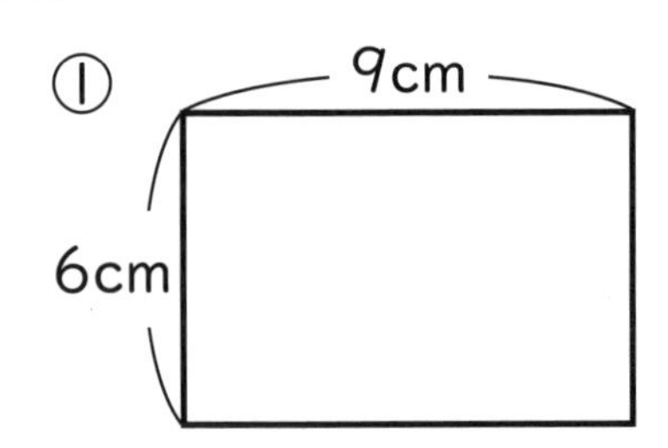

式

答え

②

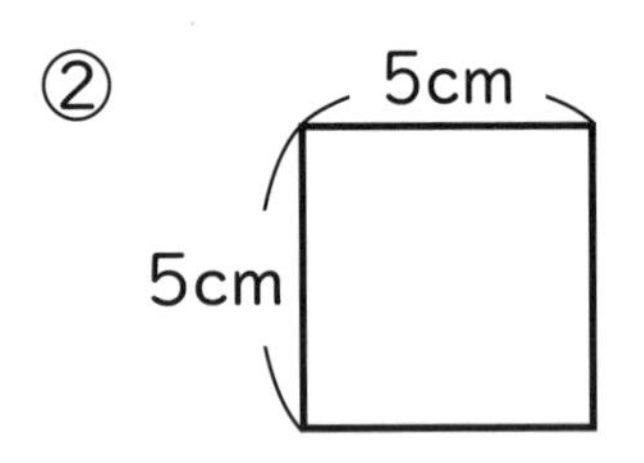

式

答え

③ 1辺(ぺん)が12mの正方形の土地の面積

式

答え

ホップ 3 4 へ!

3 （　）にあてはまる数や面積の単位（たんい）をかきましょう。 (5点×4)

① $1m^2$ ＝（　　　　　　）cm^2

② 1辺が 10m の正方形の面積 $100m^2$ ＝ 1（　　）

③ 1辺が 100m の正方形の面積 $10000m^2$ ＝ 1（　　）

④ 1辺が 1000m の正方形の面積＝ 1（　　）

ステップ 1 へ!

4 次の面積を求めましょう。 (式5点、答え5点)

①
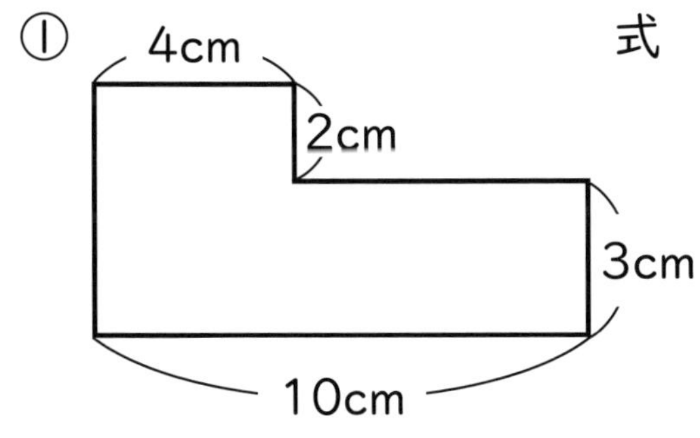

式

答え

②
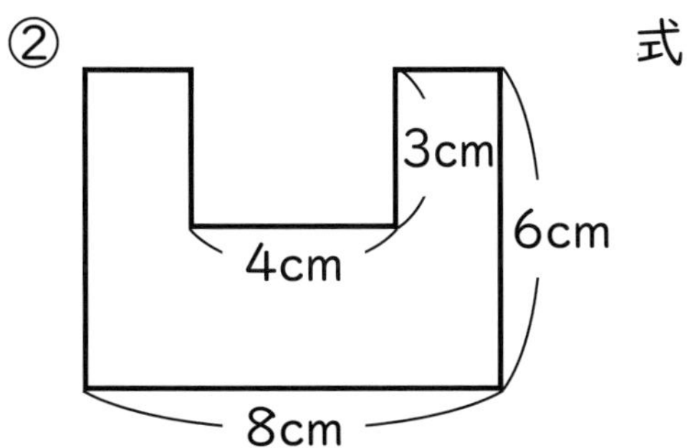

式

答え

③ たて 30m、横 20m の長方形の土地の面積は何 m^2 ですか。また何 a になりますか。

式

答え

ステップ 5 6 へ!

面積

月　日
名前

1　（　）にあてはまることばをかきましょう。

① 長方形の面積（めんせき）＝（　　）×（　　）

② 正方形の面積＝（　　）×（　　）

2　次の図形の面積はそれぞれ何 cm^2 ですか。

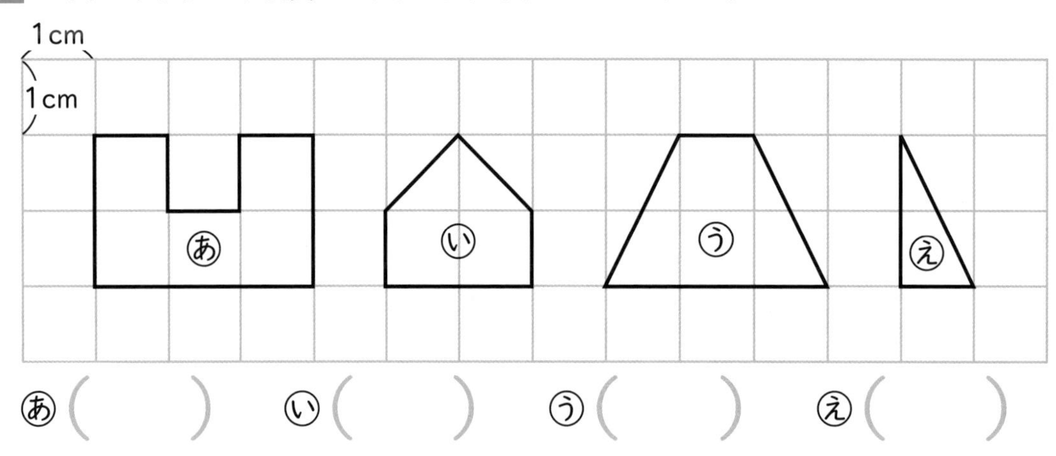

あ（　　）　い（　　）　う（　　）　え（　　）

3　長方形の面積を求め（もと）ましょう。

①

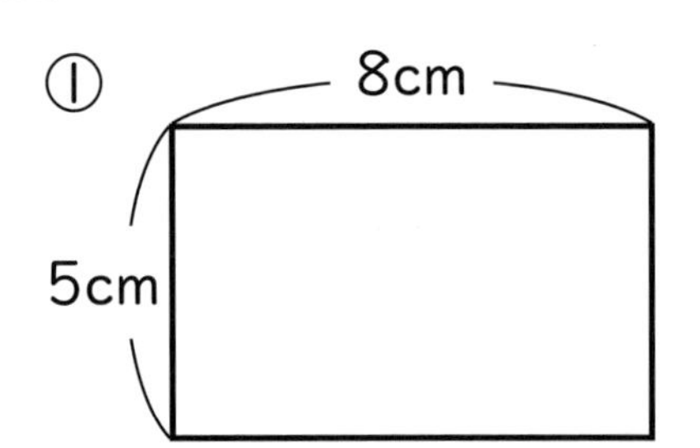

式

答え

②

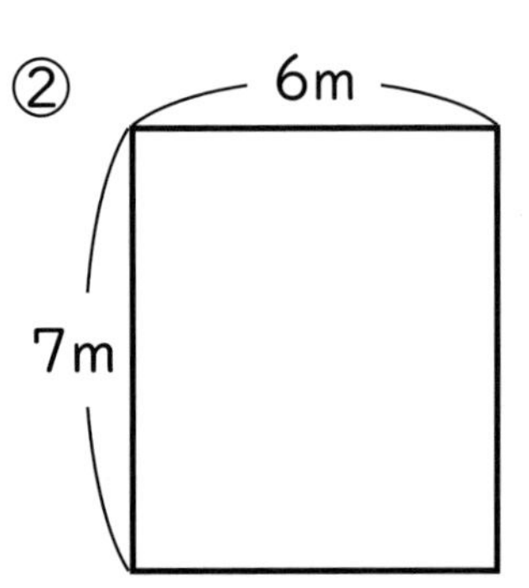

式

答え

4 正方形の面積を求めましょう。

①

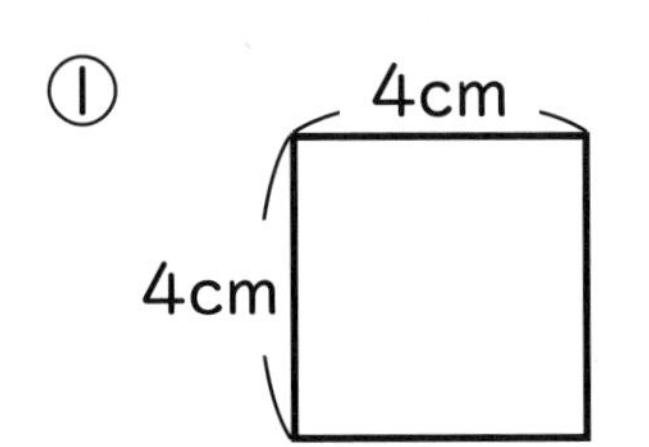

式

答え

② 一辺(へん)が 8m の正方形の土地の面積

式

答え

5 面積が 24cm^2 で横の長さが 6cm の長方形のたての長さは何 cm ですか。

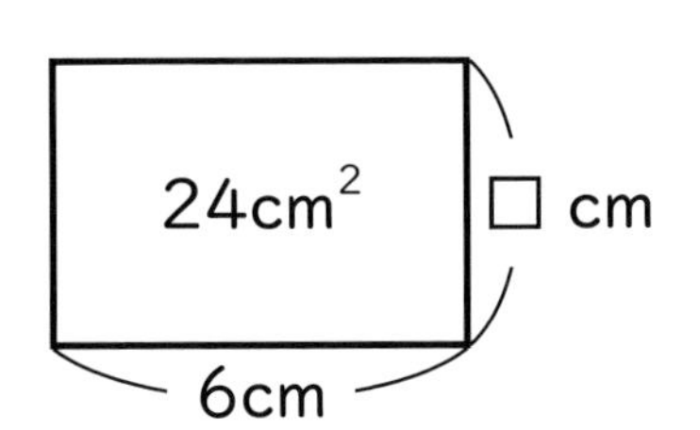

式

答え

6 面積が 40cm^2 でたての長さが 8cm の長方形の横の長さは何 cm ですか。

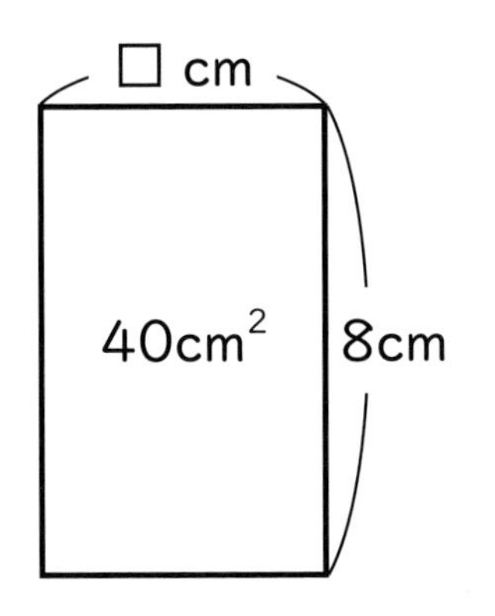

式

答え

ステップ

面積

月　　日
名前

1　（　）にあてはまる単位を□から選んでかきましょう。

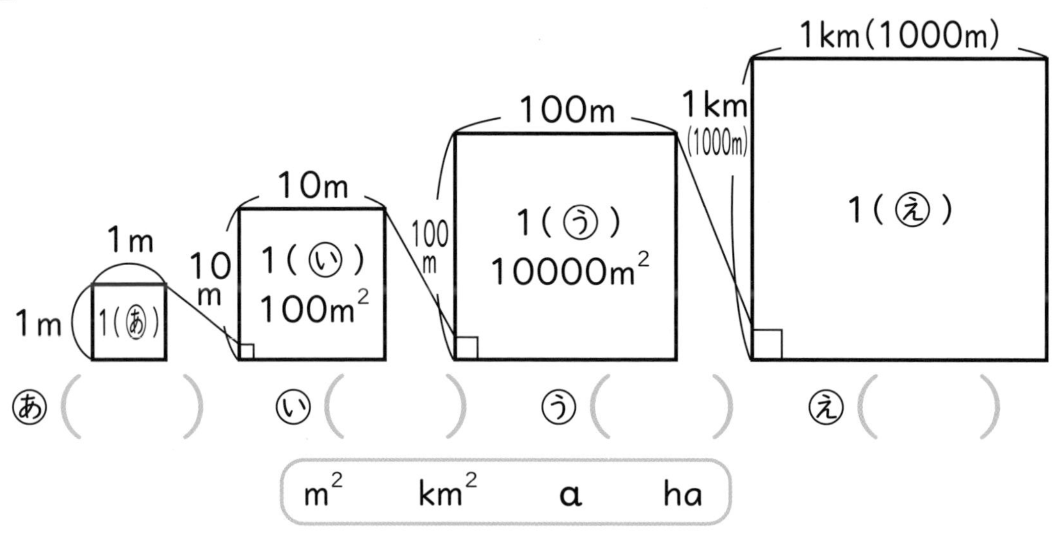

あ（　　）　い（　　）　う（　　）　え（　　）

m^2　　km^2　　a　　ha

2　1辺が1mの正方形の面積は何cm^2ですか。

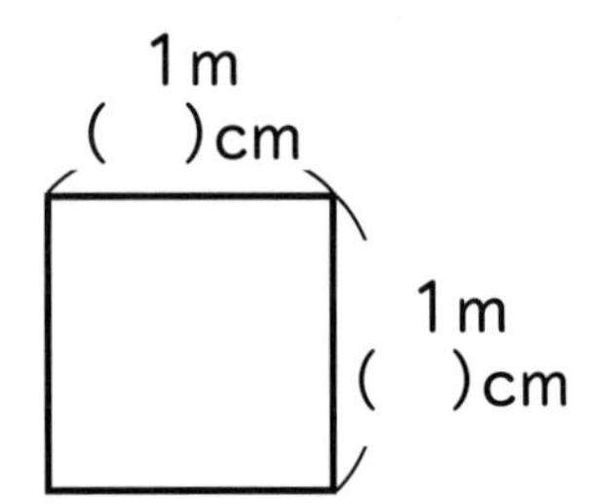

式　1m＝（　　）cmだから

答え

3　たて20m、横30mの土地の面積は何m^2ですか。また何aですか。

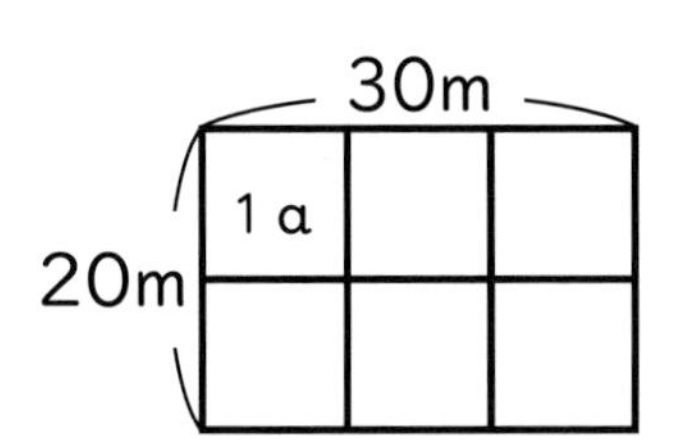

式

答え

4　たて100m、横300mの土地の面積は何m^2ですか。また何haですか。

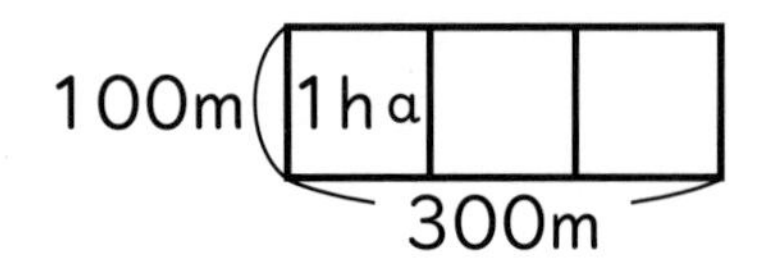

式

答え

5 次の面積を求(もと)めましょう。

①

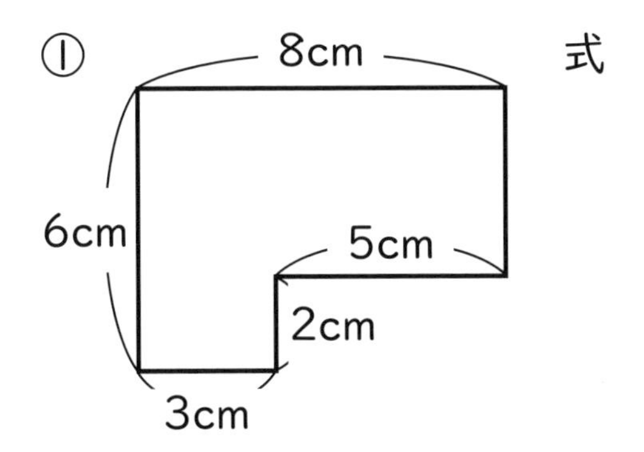

式

答え

②

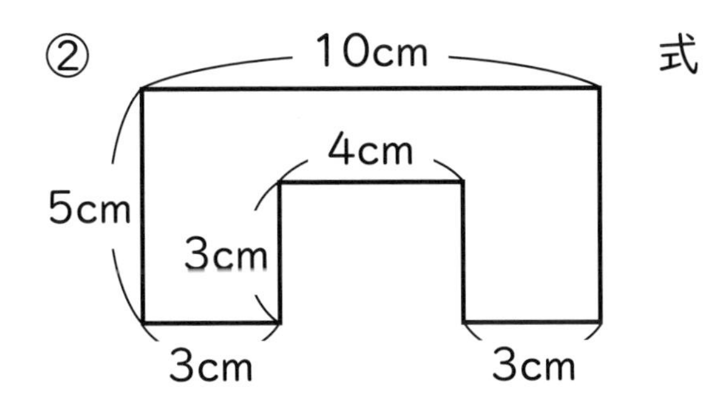

式

答え

6 次の色のついている部分の面積を求めましょう。

①

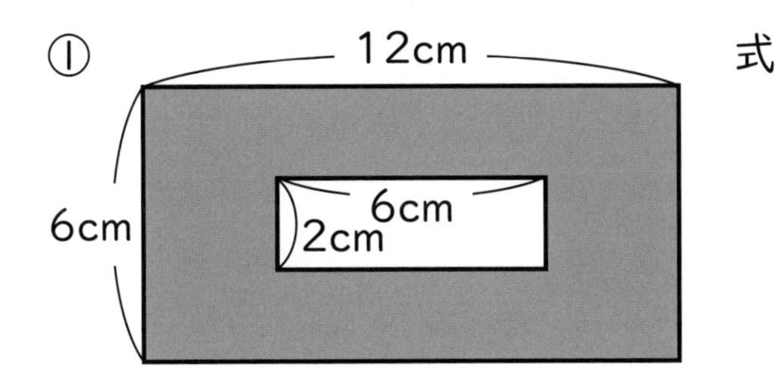

式

答え

②

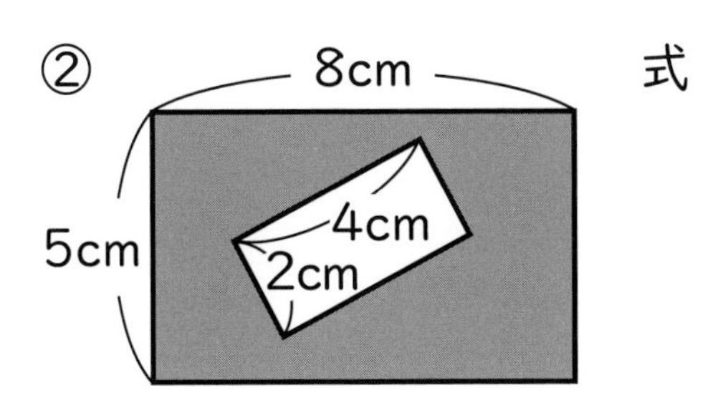

式

答え

面積

月　　日
名前

1 次の図形の面積(めんせき)はそれぞれ何 cm^2 ですか。 (5点×4)

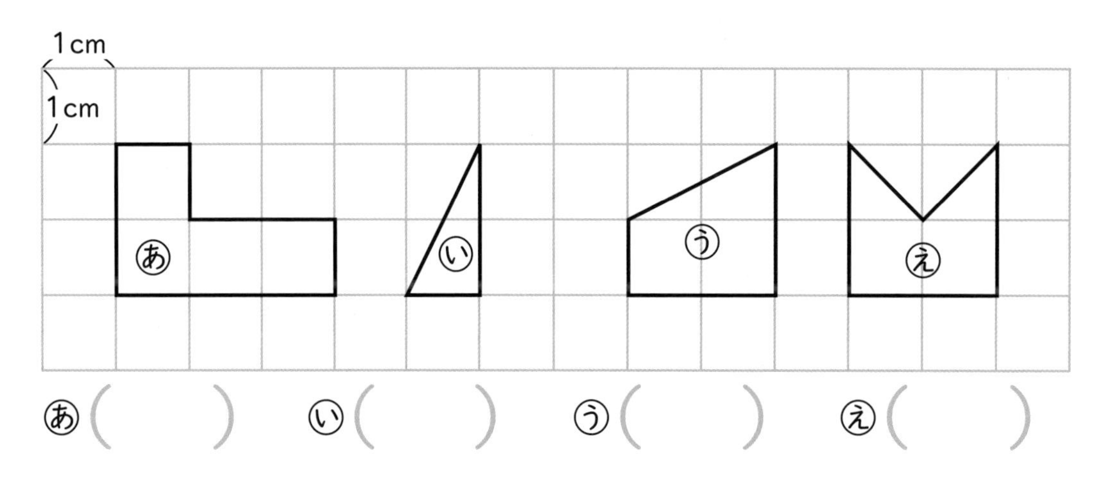

あ(　　　)　い(　　　)　う(　　　)　え(　　　)

2 長方形と正方形の面積を求(もと)めましょう。 (式5点、答え5点)

①
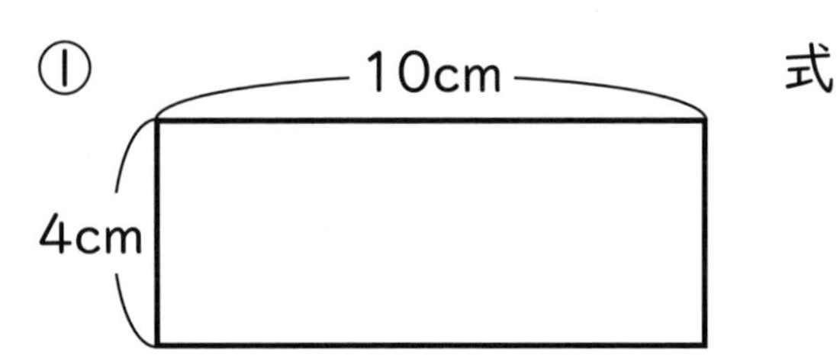

式

答え

②
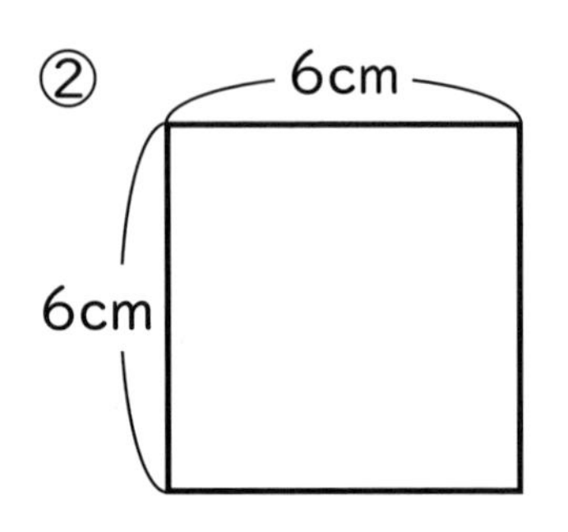

式

答え

③ 1辺(ぺん)が 15m の正方形の土地の面積

式

答え

3 （　）にあてはまる数や面積の単位をかきましょう。 （5点×4）

① $1m^2$ ＝（　　　　　）cm^2

② 1 辺が 10m の正方形の面積 $100m^2$ ＝ 1（　　）

③ 1 辺が 100m の正方形の面積 $10000m^2$ ＝ 1（　　）

④ 1 辺が 1000m の正方形の面積＝ 1（　　）

4 次の面積を求めましょう。 （式5点、答え5点）

①

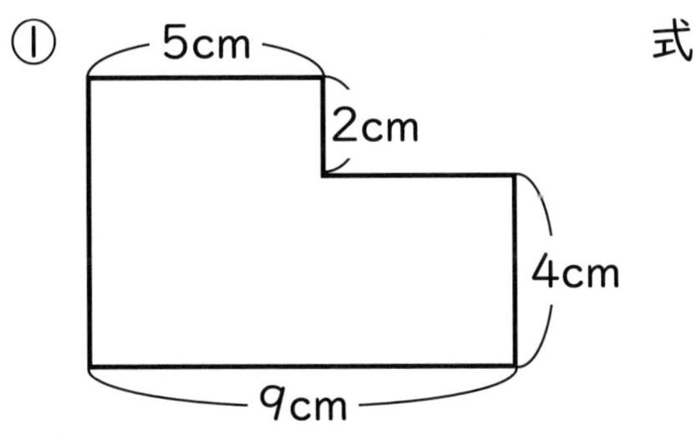

式

答え ____________

②

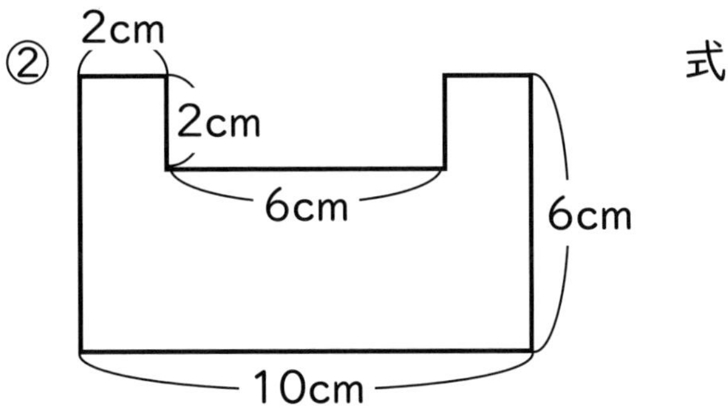

式

答え ____________

③ たて 20m、横 40m の長方形の土地の面積は何 m^2 ですか。また何 a ですか。

式

答え ____________

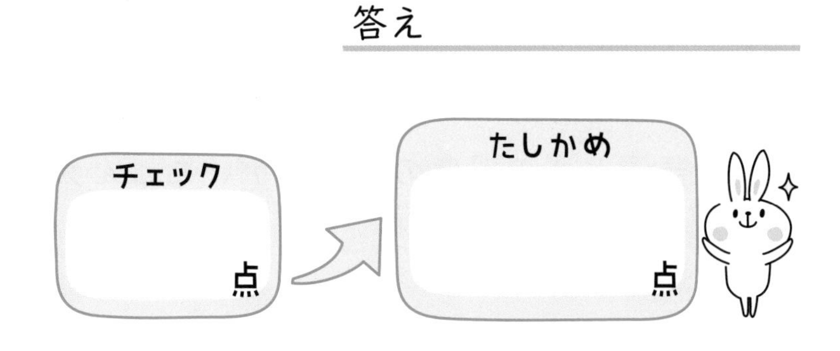

チェック

折れ線グラフ

月　　日
名前

1 次の折(お)れ線グラフについて答えましょう。

(10点×5)

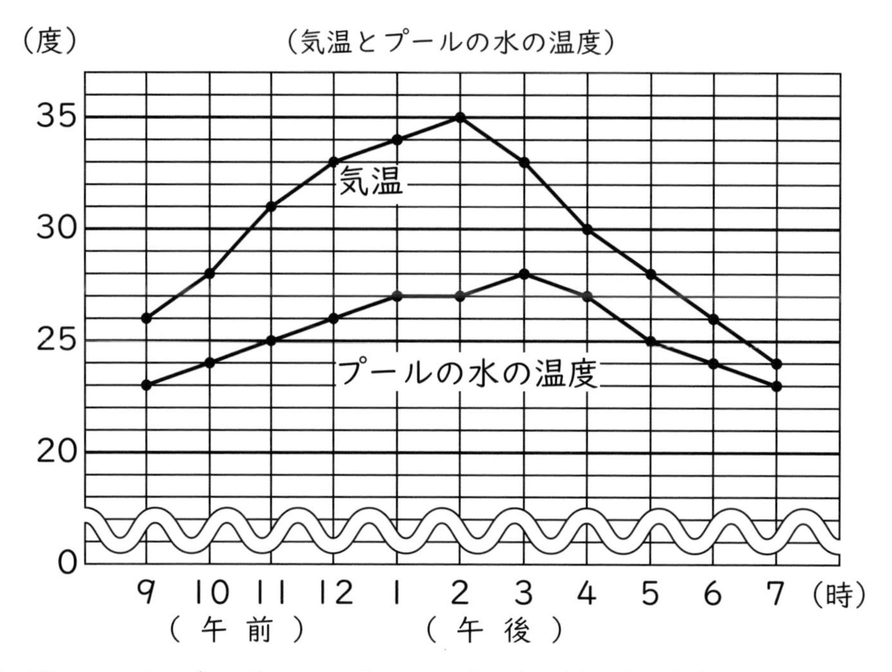

① 気温がいちばん高かったのは何時で何度ですか。

(　　　　　　　　　　)

② 水の温度がいちばん高かったのは何時で何度ですか。

(　　　　　　　　　　)

③ 午前９時から午後２時までの間で気温の上がり方がいちばん大きいのは、何時から何時まででですか。

(　　　　　　　　　　)

④ 午前11時の気温と水の温度の差(さ)は何度ですか。

(　　　　　　　　　　)

⑤ 気温と水の温度のちがいがいちばん大きいのは、何時で何度ですか。

(　　　　　　　　　　)

ホップ 1 2 へ!

2 トマトとセロリについて、好きかきらいを聞きました。

○好き　×きらい

出席番号	1	2	3	4	5	6	7	8	9	10	11	12
トマト	○	○	×	×	○	○	×	○	○	○	×	×
セロリ	×	○	○	×	○	○	○	○	×	○	×	○
出席番号	13	14	15	16	17	18	19	20	21	22	23	24
トマト	×	○	○	○	○	○	×	○	○	×	×	×
セロリ	×	×	×	○	○	×	×	○	×	○	○	×

① 上のデータを、下の表にまとめましょう。 (5点×8)

		トマト		合計
		好き	きらい	
セロリ	好き	㋐	㋑	㋒
	きらい	㋓	㋔	㋕
合計		㋖	㋗	

② トマトとセロリのどちらも好きと答えた人は何人ですか。 (5点)

(　　　　)

③ セロリが好きと答えた人は何人ですか。 (5点)

(　　　　)

折れ線グラフ

月　　日
名前

1 次の折(お)れ線グラフを見て答えましょう。

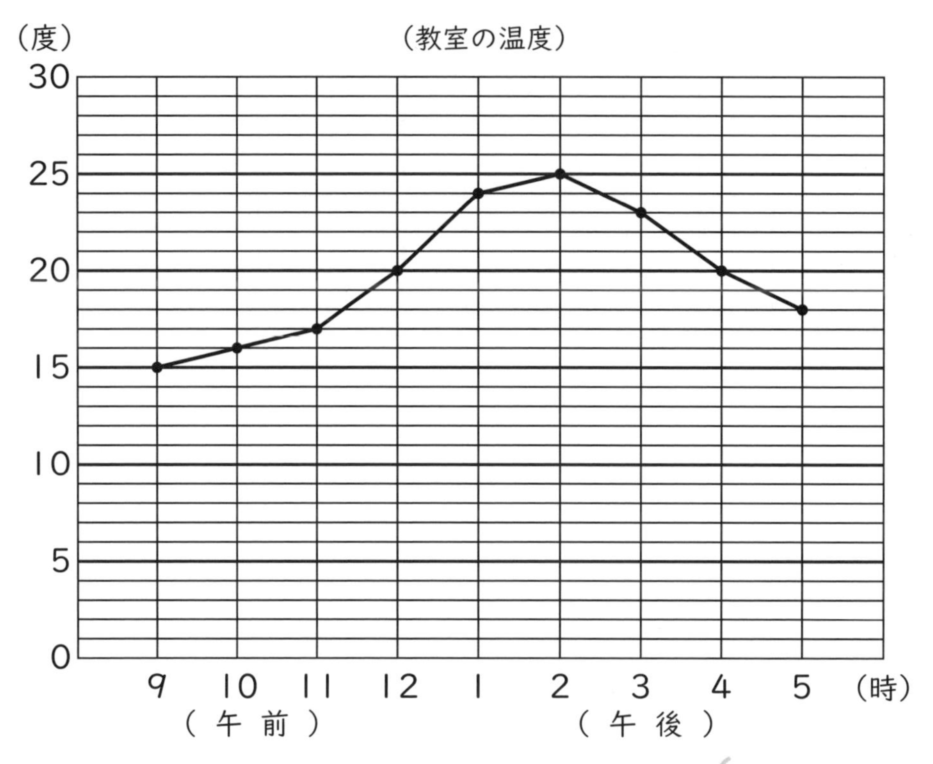

① このグラフの表題は何ですか。　(　　　　　)

② 横じくとたてじくは、それぞれ何を表していますか。

横じく(　　　　　)　たてじく(　　　　　)

③ 温度がいちばん高いのは何時で何度ですか。

(　　　　　)

④ 温度の上がり方がいちばん大きいのは、何時から何時までですか。

(　　　　　)

2 次の表は「1年間の気温の変わり方」を表したものです。

1年の気温の変わり方

月	1	2	3	4	5	6	7	8	9	10	11	12
気温（度）	9	10	13	18	22	25	29	30	26	21	16	12

① グラフの（　）に表題・数字をかきましょう。

② 折れ線グラフをかきましょう。

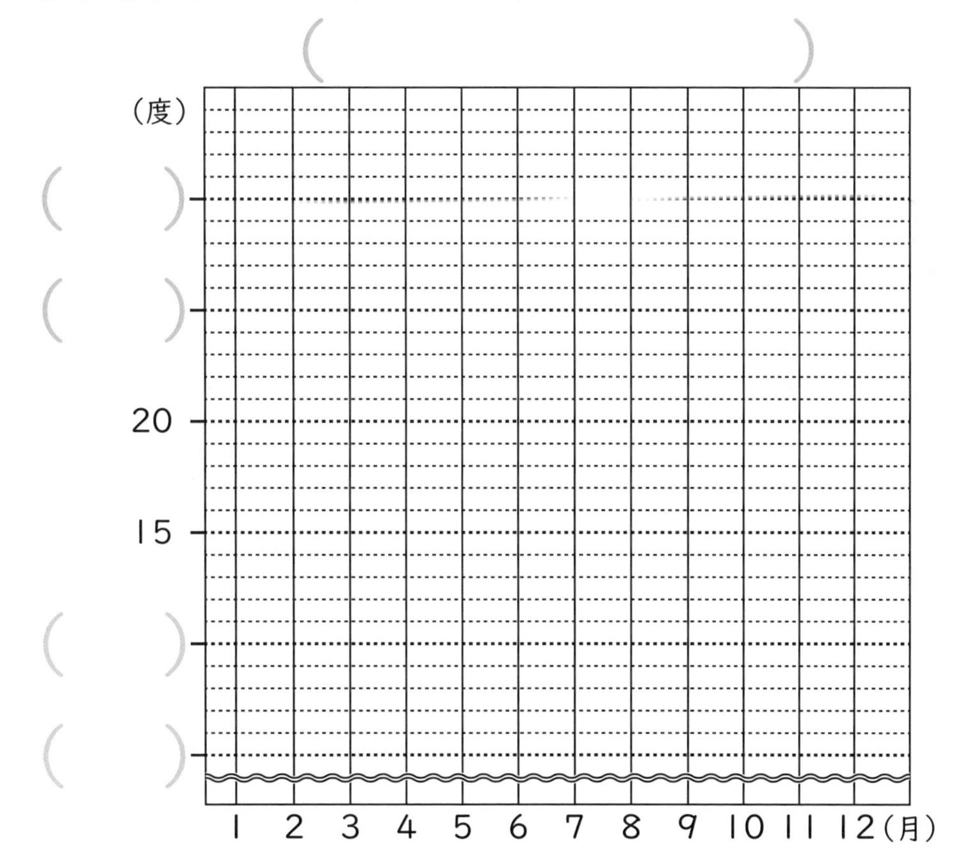

③ 気温の上がり方がいちばん大きいのは何月から何月の間ですか。

（　　　　　　　　　）

ステップ

折れ線グラフと表

月　日

名前

1 学校で、けがをした人の学年、けがの種類(しゅるい)、場所を記録(きろく)しました。

〈けがの記録〉

学年	けがの種類	場所	学年	けがの種類	場所
5	すりきず	ろうか	1	すりきず	教室
3	すりきず	教室	5	つき指	校庭
4	打ぼく	校庭	4	打ぼく	ろうか
6	すりきず	ろうか	2	つき指	校庭
1	すりきず	教室	4	すりきず	ろうか
5	つき指	教室	1	すりきず	教室
4	すりきず	ろうか	5	打ぼく	ろうか
2	つき指	教室	6	つき指	校庭
6	打ぼく	校庭	3	打ぼく	ろうか
5	すりきず	ろうか	6	すりきず	校庭

どの学年にどのけがが多いか、次の表にまとめましょう。

	すりきず	打ぼく	つき指	合計
1年				
2年				
3年				
4年				
5年				
6年				

2 にんじんとたまねぎについて、好(す)きかきらいかを聞きました。

○好き　✕きらい

出席(しゅっせき)番号	1	2	3	4	5	6	7	8	9	10
にんじん	×	○	×	×	×	○	○	×	○	×
たまねぎ	×	×	○	×	○	○	○	○	×	○

出席番号	11	12	13	14	15	16	17	18	19	20
にんじん	○	×	×	○	×	○	×	×	○	×
たまねぎ	○	×	○	○	×	×	×	○	○	○

① 上のデータを、下の表にまとめましょう。

		にんじん		合計
		好き	きらい	
たまねぎ	好き			
	きらい			
合計				

② にんじんとたまねぎのどちらもきらいな人は何人ですか。

（　　　　）

③ にんじんが好きな人は何人ですか。

（　　　　）

折れ線グラフと表

月　　日
名前

1　次の折(お)れ線グラフについて答えましょう。　(10点×5)

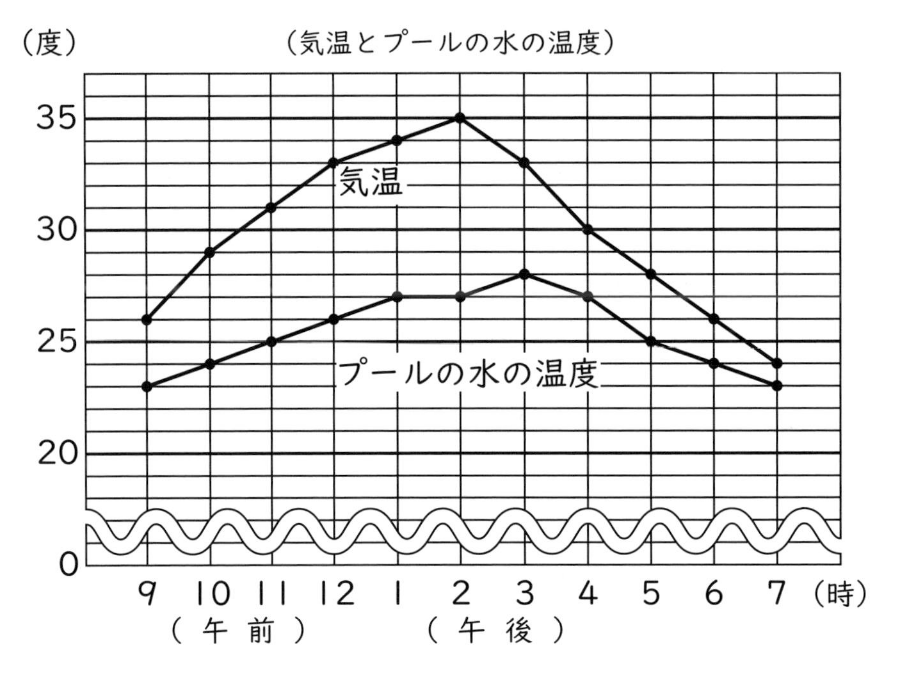

① 気温がいちばん高かったのは何時で何度ですか。

(　　　　　　　　　　)

② 水の温度がいちばん高かったのは何時で何度ですか。

(　　　　　　　　　　)

③ 午前9時から午後2時までの間で気温の上がり方がいちばん大きいのは、何時から何時までですか。

(　　　　　　　　　　)

④ 午後3時の気温と水の温度のちがいは何度ですか。

(　　　　　　　　　　)

⑤ 気温と水の温度のちがいがいちばん大きいのは何時で何度ですか。

(　　　　　　　　　　)

2 ゴーヤとピーマンについて、好（す）きかきらいを聞きました。

○好き　×きらい

出席番号	1	2	3	4	5	6	7	8	9	10	11	12
ゴーヤ	○	×	×	○	○	×	×	○	○	×	×	×
ピーマン	×	○	○	×	○	×	○	○	×	○	×	○
出席番号	13	14	15	16	17	18	19	20	21	22	23	24
ゴーヤ	○	○	○	×	○	○	×	○	○	×	○	×
ピーマン	×	○	×	○	×	×	×	×	○	×	○	○

① 上のデータを、下の表にまとめましょう。 (5点×8)

		ゴーヤ		合計
		好き	きらい	
ピーマン	好き	㋐	㋑	㋒
	きらい	㋓	㋔	㋕
合計		㋖	㋗	

② ゴーヤとピーマンのどちらも好きと答えた人は何人ですか。 (5点)

（　　　　）

③ ゴーヤが好きと答えた人は何人ですか。 (5点)

（　　　　）

面積 1

月　日

名前

★ 色のついている部分の面積（めんせき）を求（もと）めましょう。

①

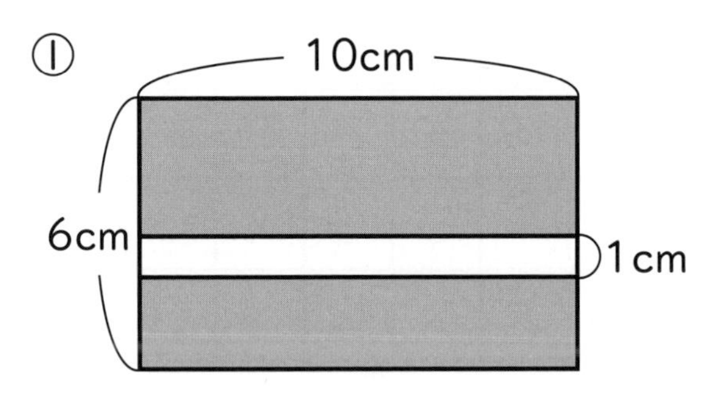

式

答え

②

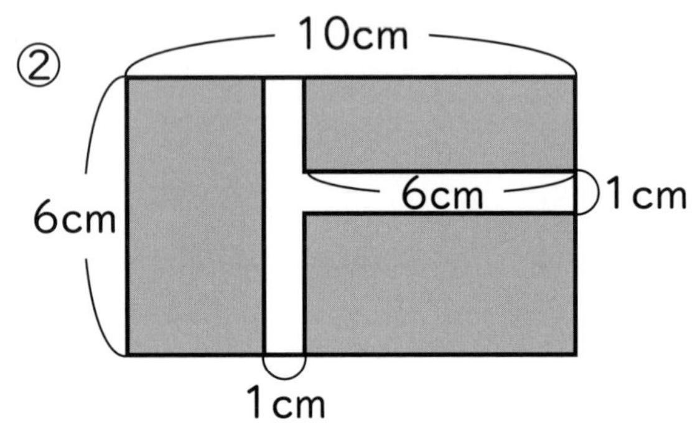

式

答え

③

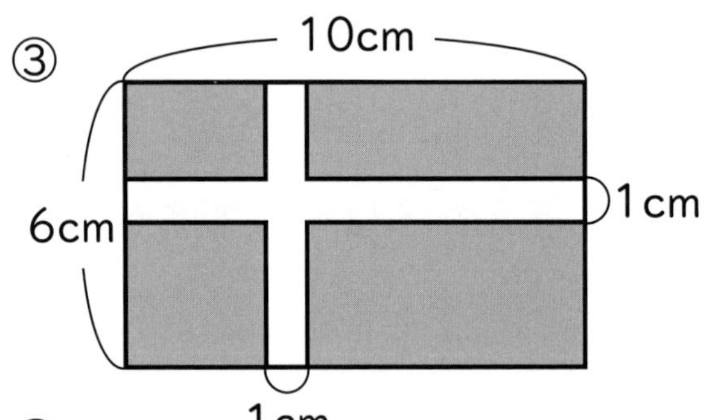

式

答え

④

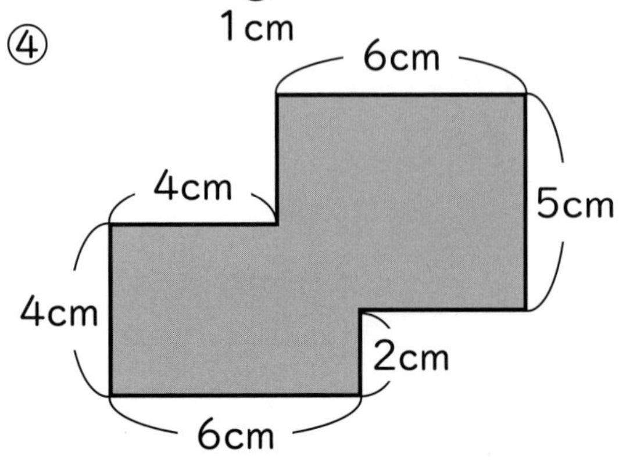

式

答え

面積 2

月　　日
名前

1　王さまが家来に土地をあたえることにしました。
王さまはその家来に言いました。
「おまえにほうびとして、周りが 100m になる四角形の土地をあたえる。」
家来はいちばん土地が広くなるように、たてと横の長さを考えました。
家来が考えた土地は、たてと横が何メートルの四角形で、その面積は何 m^2 になるでしょうか。

式

答え

2　周りの長さが 20cm の正方形の面積を求めましょう。

式

答え

立体 1

月　日
名前

★ 1 辺(へん) 1cm の立方体の展開図(てんかいず)は全部で 11 種類(しゅるい)あります。下に残(のこ)り 10 種類の展開図をかきましょう。

立体 2

月　日
名前

★ サイコロは、平行な面の目の数の和が 7 です。和が 7 になるように、空いている□に数をかきましょう。

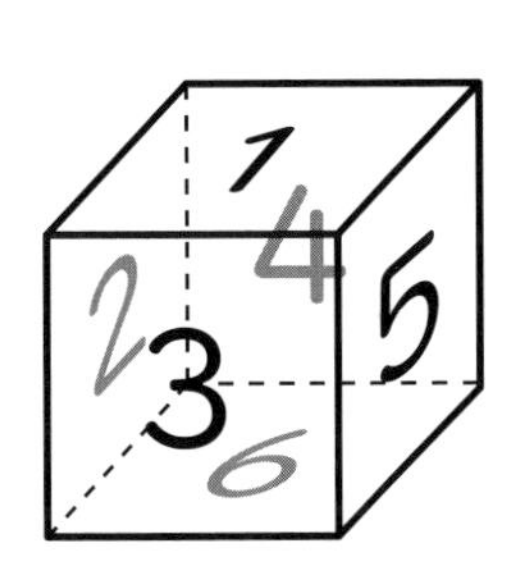

このさいころを
よく見てね。
それがヒントだよ。

①

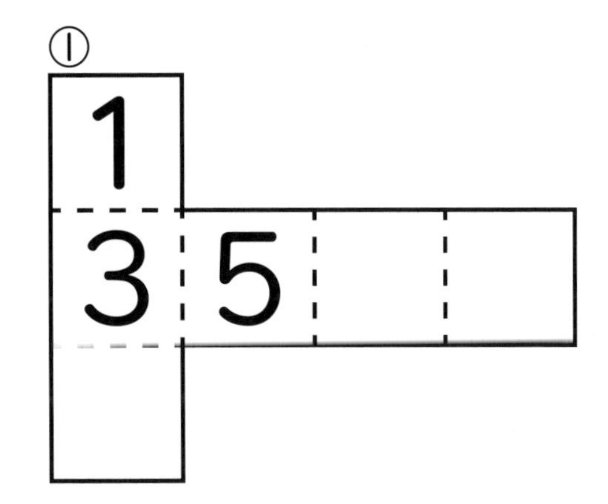

②

2

4 6

③

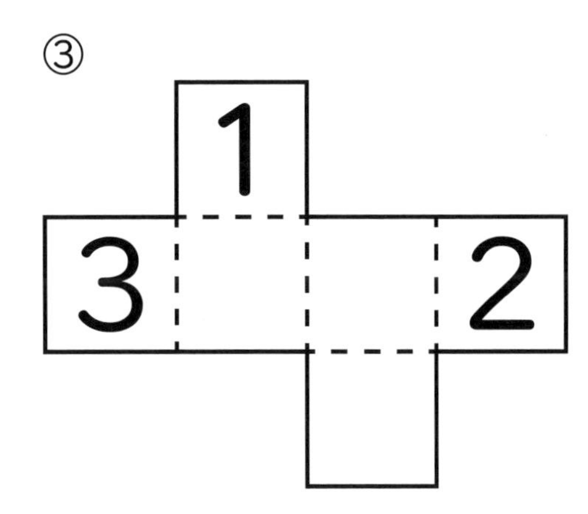

④

3 6

2

⑤

1

3 5

式と計算 1

月　　日
名前

★ □に、＋、－、×、÷のどれかを入れて、答えが 1 から 9 になる式をつくりましょう。（　）を使う式もあります。

① 3 □ 3 □ 3 □ 3 ＝ 1

② 3 □ 3 □ 3 □ 3 ＝ 2

③ 3 □ 3 □ 3 □ 3 ＝ 3

④ 3 □ 3 □ 3 □ 3 ＝ 4

⑤ 3 － 3 □ 3 □ 3 ＝ 5

⑥ 3 ＋ 3 □ 3 □ 3 ＝ 6

⑦ 3 ÷ 3 □ 3 □ 3 ＝ 7

⑧ 3 × 3 □ 3 □ 3 ＝ 8

⑨ 3 × 3 □ 3 □ 3 ＝ 9

式と計算 2

月　　日
名前

★ □に、＋、－、×、÷のどれかを入れて、答えが1から9になる式をつくりましょう。（　）を使う式もあります。

① 4 □ 4 □ 4 □ 4 ＝ 1

② 4 □ 4 □ 4 □ 4 ＝ 2

③ (4 □ 4 □ 4) □ 4 ＝ 3

④ (4 □ 4) □ 4 □ 4 ＝ 4

⑤ 4 □ (4 □ 4) □ 4 ＝ 5

⑥ 4 □ 4 □ 4 □ 4 ＝ 6

⑦ 4 □ 4 □ 4 □ 4 ＝ 7

⑧ 4 □ 4 □ 4 □ 4 ＝ 8

⑨ 4 □ 4 □ 4 □ 4 ＝ 9

式と計算 3

月　　日
名前

1 $25 \times 4 = 100$ の計算を使って、次の計算を暗算でしましょう。

例（れい） $25 \times 3 \times 4 = \underline{25 \times 4} \times 3 = \underline{100} \times 3 = 300$

① $25 \times 12 = 25 \times 4 \times \square = 100 \times \square =$

② $25 \times 16 =$

③ $24 \times 25 =$

④ $36 \times 25 =$

2 $15 \times 16 = \underline{15 \times 2} \times 8 = \underline{30} \times 8 = 240$ という計算のしかたを使って、次の計算を暗算でしましょう。

① $15 \times 18 = \underline{15 \times 2} \times \square =$

② $35 \times 14 =$

③ $35 \times 16 =$

④ $45 \times 12 =$

式と計算４

月　　日
名前

★　わり算では、わられる数とわる数に同じ数をかけても商は変(か)わりません。そのせいしつを使って、次のわり算を暗算でしましょう。

例(れい)

	$60 \div 5 = 12$
×２	↓　　↓×２
	$120 \div 10 = 12$

① $130 \div 5 =$
　↓　×２↓
　$260 \div 10 =$

② $240 \div 5 =$
　↓　×２↓
　$480 \div 10 =$

③ $90 \div 15 =$
　×２　×２

④ $120 \div 15 =$
　×２　×２

⑤ $200 \div 25 =$

⑥ $150 \div 25 =$

⑦ $210 \div 35 =$

⑧ $420 \div 35 =$

わる２けたのわり算も筆算で計算しなくてもできるね

わり算

月　日
名前

★ □にあてはまる数をかきましょう。

①

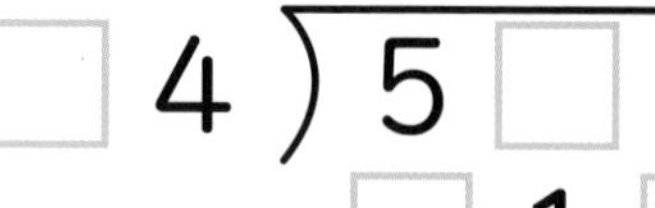

□□
□4)5□2□
□1□
□4□
□□4
5

②

□□
□6)2□3□
□5□
□1□
□□6
2

③

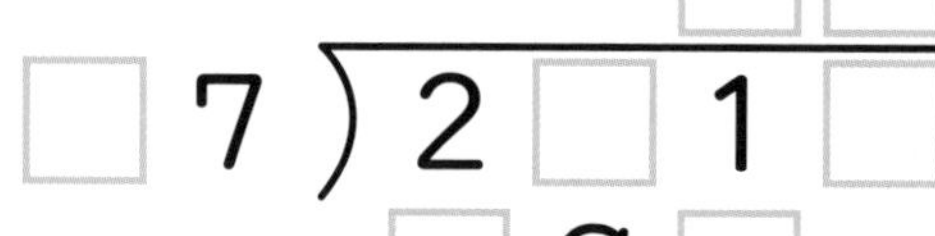

□□
□7)2□1□
□9□
□7□
□□6
3

④

□□
□3)5□1□
□6□
□6□
□□8
5

⑤

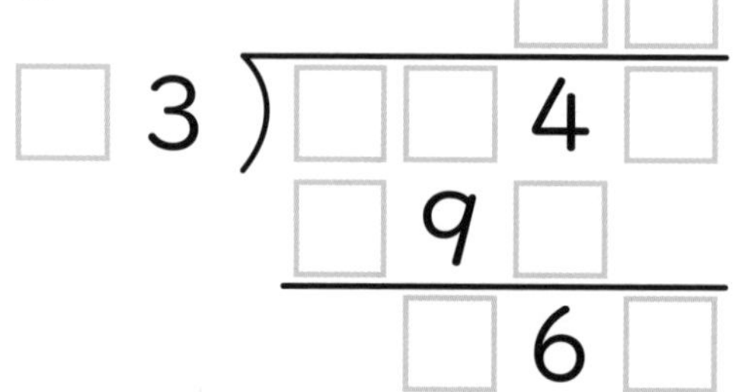

□□
□3)□□4□
□9□
□6□
□□6
3

⑥

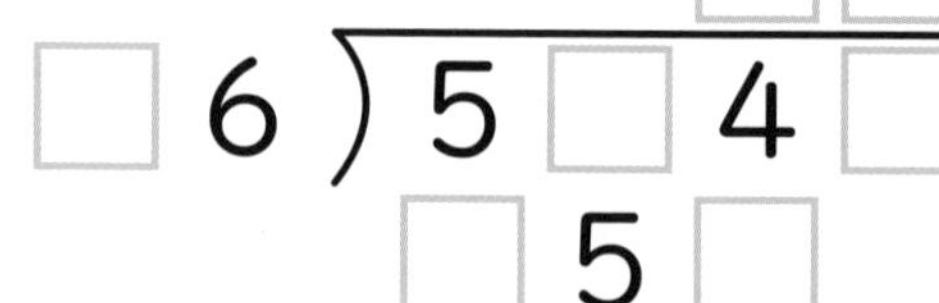

□□
□6)5□4□
□5□
□8□
□□4
3

角

月　　日
名前

★ 1組の三角じょうぎを下の図のように置(お)きました。

① ㋐から㋘の角の大きさを求(もと)めましょう。

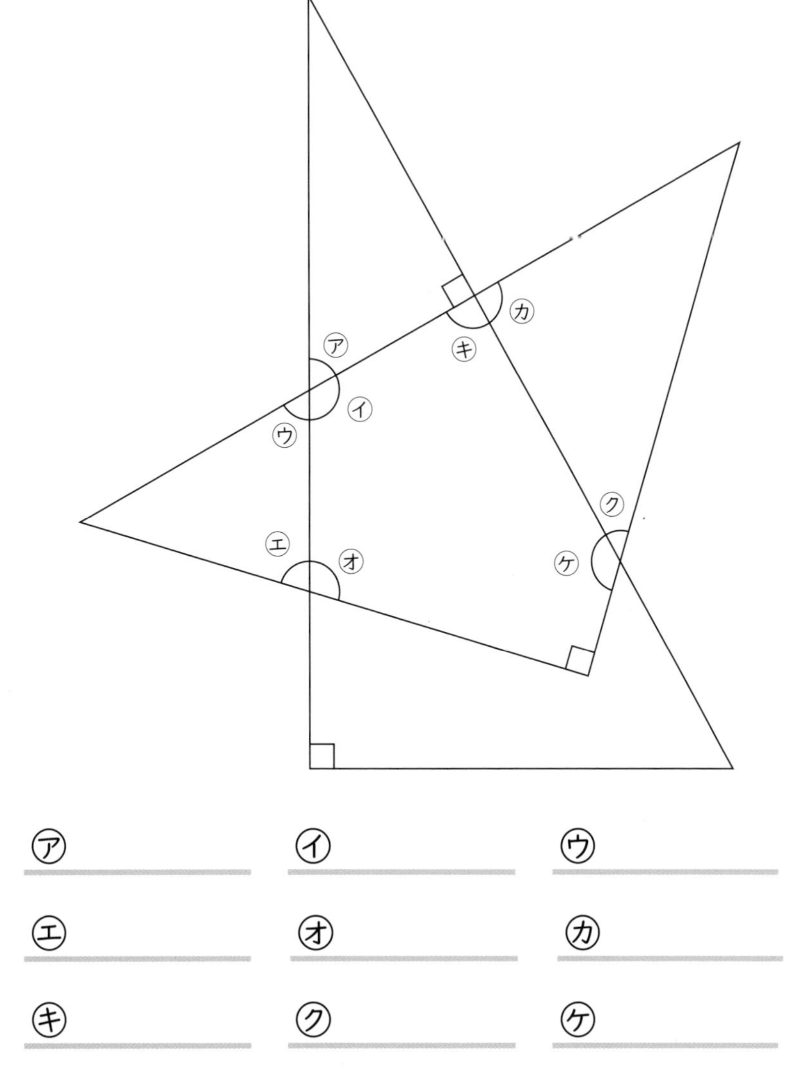

㋐　　　㋑　　　㋒

㋓　　　㋔　　　㋕

㋖　　　㋗　　　㋘

② じょうぎが重なってできる五角形の5つの角の大きさの和は何度ですか。

答え

こた
答え

大きな数

P.4　チェック

1 ① 9236507181
② 36055000090028

2 ① 四千三百五十一億六千二百七十八万千二百
② 二兆九千三百八十一億七千五百四十六万

3 ① 2500 億
② 10000

4 ① 160 億　② 310 億

5 ① 543210
② 102345

6 ① 10 倍 3 兆　② 10 倍 20 兆
$\frac{1}{10}$ 300 億　$\frac{1}{10}$ 2000 億

7 ① 196992　② 161986

P.6　ホップ

1 ① 6754992316
② 2972856000
③ 39052700430080
④ 5000500050005

2 ① 四十一億三千五百六十八万九千
② 七十五億二十万十
③ 千六百二十八億三千四百五十九万七千二百
④ 五千兆六百億七十万八

3 ① 150 億
② 1500 兆
③ 10000
④ 10000

4 ① 550 億　② 680 億　③ 730 億
④ 1 兆 8000 億　⑤ 2 兆 1000 億
⑥ 2 兆 7000 億

5 ① 543201
② 102354

P.8　ステップ

1 ① 200 万　② 4000 万
③ 700 億　④ 9900 億
⑤ 5 億　⑥ 2 億 5000 万
⑦ 7 兆　⑧ 8 兆 5000 億

2 ① 40 万　② 700 万
③ 56 億　④ 840 億
⑤ 3000 万　⑥ 2500 万
⑦ 5000 億　⑧ 6500 億

3 ① 44544　② 533750
③ 141105　④ 155956
⑤ 864000　⑥ 450000

P.10　たしかめ

1 ① 8827304119
② 63042000050073

2 ① 千三百二十億五千四百九十八万七千
② 四兆五千七百五十六億三千二百万

3 ① 3200 億
② 10000

4 ① 9000 億　② 1 兆 2000 億

5 ① 9876543210
② 1023456789

6 ① 10 倍 7 兆　② 10 倍 30 兆
$\frac{1}{10}$ 700 億　$\frac{1}{10}$ 3000 億

7 ① 163572　② 181442

がい数

P.12　チェック

1 ○がつくもの
①、②

2 ① 2000　② 3000
③ 60000　④ 30000

3 ① 200　② 400
③ 5000　④ 1400

4 ① 900　② 900
③ 8000　④ 4000

5 ① 8、9、10
② 1、2、3
③ 5、6、7
④ 5、6

6 45、54

7 式　200 × 40 = 8000
答え　（約）8000 円

P.14　ホップ

1 ○がつくもの
③、④、⑤

2 ① 8000　② 8000
③ 14000　④ 51000

3 ① 600　② 1000
③ 4300　④ 8900

4 ① 760　② 620
③ 5400　④ 2000

5

百の位を 四捨五入	百の位までの がい数	上から2けたの がい数
15000	15400	15000

6

① 3以上5以下

② 3以上5未満

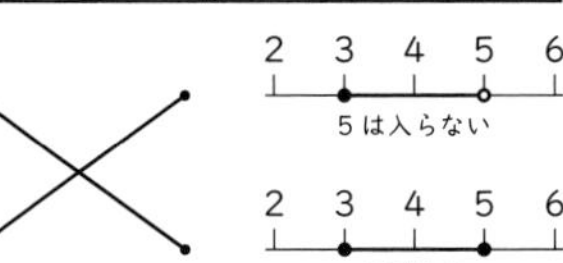

2　3　4　5　6
5は入らない

2　3　4　5　6
5は入る

7 ①　16、17、18、19、20
②　10、11、12、13、14、15
③　12、13、14、15
④　12、13、14

P.16　ステップ

1 ①　㋐　100　　㋑　90
㋒　110　　㋓　100
②　95、101

2 ①　495、504
②　495、505

3 ①　500、50
式　$500 \times 50 = 25000$
答え　（約）25000円
②　式　$40000 \div 40 = 1000$
答え　（約）1000円
③　式　$300 \times 30 = 9000$
答え　（約）9000円

P.18　たしかめ

1 ○がつくもの
②、④

2 ①　5000　　②　5000
③　80000　　④　70000

3 ①　100　　②　600
③　2000　　④　7100

4 ①　500　　②　600
③　3000　　④　9000

5 ①　7、8、9、10
②　1、2、3、4
③　6、7、8
④　6、7

6 65、74

7 $300 \times 30 = 9000$
答え　（約）9000円

わり算

P.20　チェック

1 ①　200　　②　500

2 ①　25　　②　14　　③　53
④　92あまり8　　⑤　230あまり1
⑥　200あまり3

3 ①　1、2、3、4
②　7、8、9

4 式　$140 \div 6 = 23$ あまり2
答え　23ふくろできて2こあまる

5 式　$50 \div 4 = 12$ あまり2
答え　12こ

6 式　$125 \div 8 = 15$ あまり5
$15 + 1 = 16$
答え　16日

P.22　ホップ

1 ①　30　　②　30
③　400　　④　200
⑤　400　　⑥　500

2 ①　16　　②　15　　③　32
④　16あまり2　　⑤　11あまり2
⑥　13あまり3

3 ①　30あまり1　　②　30あまり1
③　10あまり4

4 ①　77あまり1　　②　87あまり1
③　79あまり1　　④　105
⑤　200あまり2　　⑥　100あまり5

P.24　ステップ

1 ㋐、㋓

2 ①　1、2、3
②　8、9

3 式　$380 \div 4 = 95$
答え　95まい

4 式　$250 \div 7 = 35$ あまり5
答え　35本できて5cmあまる

5 式　$53 \div 3 = 17$ あまり2
$17 + 1 = 18$
答え　18きゃく

6 式　$102 \div 4 = 25$ あまり2
答え　25台

7 式　$200 \div 9 = 22$ あまり2
答え　23日

8 式　$70 \div 6 = 11$ あまり4

答え　11 回

P.26　たしかめ

1 ①　300　②　500

2 ①　15　②　24　③　73
④　135　⑤　321 あまり 1　⑥　300 あまり 2

3 ①　1、2、3　②　8、9

4 式　100 ÷ 8 = 12 あまり 4
答え　12 ふくろできて 4 こあまる

5 式　40 ÷ 6 = 6 あまり 4
答え　6 こ

6 式　150 ÷ 9 = 16 あまり 6
16 + 1 = 17
答え　17 日

小数

P.28　チェック

1 ①　1.15L　②　0.21L

2 ㋐　0.35　㋑　1.21
㋒　1.03　㋓　1.18

3 ①　1.52m
②　3.06m
③　2.675kg
④　1.03kg

4 ①　3.527
②　3.45
③　62
④　0.032

5 ①　<　②　<

6 ①　1.6　②　8.061
③　8.76　④　4.507

P.30　ホップ

1 ①　2.06L　②　0.42L

2 ①　1.19L　②　0.21L

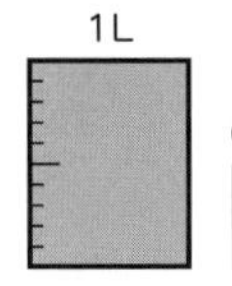

0.1L　0.1L　0.1L

3 ㋐　0.45　㋑　0.91　㋒　1.19
㋓　1.05　㋔　1.13　㋕　1.21
㋖　3.2　㋗　3.55　㋘　3.99

4 ①　2.57m
②　1.08m
③　1.43km
④　1.025km
⑤　0.85km

5 ①　4.56kg
②　5.07kg
③　3.008kg
④　0.756kg
⑤　0.095kg

P.32　ステップ

1 ①　5.478
②　2.065
③　2.59
④　0.75
⑤　3.5
⑥　68
⑦　0.45
⑧　0.012

2 ①　㋑→㋓→㋒→㋐
②　㋓→㋑→㋒→㋐

3 ①　<　②　>
③　>　④　<

4 ①　6.779　②　4.9
③　7.125　④　19.18
⑤　4.062　⑥　16.86
⑦　3.744　⑧　1.019

P.34　たしかめ

1 ①　1.18L　②　0.26L

2 ㋐　0.25　㋑　1.07
㋒　1.06　㋓　1.22

3 ①　2.45m
②　1.09m
③　3.256kg
④　1.08kg

4 ①　4.639
②　1.93
③　25
④　0.067

5 ①　<　②　<

6 ①　3.7　②　6.028
③　7.64　④　6.136

わり算（÷2けた、筆算）

P.36　チェック

1 ①　4　②　7 あまり 20

③ 5　④ 7あまり100

2 ① 3　② 2あまり16
③ 7　④ 32
⑤ 29あまり1　⑥ 27あまり7

3 ① ×　② ○　③ ×　④ ○

4 ① 3あまり30　② 3あまり100

5 式　500 ÷ 12 = 41あまり8
答え　41箱できて8本あまる

6 式　300 ÷ 15 = 20
20 + 1 = 21
答え　21本

P.38　ホップ

1 ① 5　② 8
③ 7あまり10　④ 6あまり200

2 ○がつくもの
②、④

3 ① 4　② 4
③ 2あまり9　④ 3あまり14

4 ① 7　② 8
③ 6あまり17　④ 4あまり15
⑤ 35　⑥ 33あまり21
⑦ 24あまり12

P.40　ステップ

1 ① 30　② 30
③ 18　④ 200

2 ① 4あまり20　② 3あまり30
③ 7　④ 9
⑤ 5あまり500　⑥ 6あまり400

3 式　360 ÷ 24 = 15
答え　15まい

4 式　470 ÷ 53 = 8あまり46
答え　9台

5 式　90 ÷ 15 = 6
6 + 1 = 7
答え　7こ

6 式　600 ÷ 12 = 50
50 + 1 = 51（1は最初の1本）
答え　51本

P.42　たしかめ

1 ① 8　② 2あまり60
③ 5　④ 8あまり800

2 ① 3　② 3あまり5
③ 6あまり27　④ 18
⑤ 25あまり7　⑥ 32あまり7

3 ① ×　② ○　③ ○　④ ○

4 ① 3あまり40
② 3あまり800

5 式　400 ÷ 12 = 33あまり4
答え　33箱できて4本あまる

6 式　240 ÷ 15 = 16
16 + 1 = 17
答え　17本

小数のかけ算

P.44　チェック

1 ① 0.6　② 1.2

2 ① 14.4　② 37.6
③ 249.6　④ 178.2
⑤ 25.3　⑥ 56.4

3 ① 26.8　② 2.68

4 ① 453.6　② 14.28　③ 197.1

5 式　1.4 × 8 = 11.2
答え　11.2m

6 式　2.5 × 12 = 30
答え　30㎏

P.46　ホップ

1 ① 0.8　② 2.5
③ 3　④ 6.3

2 ① 24　② 14.4
③ 11.72　④ 2.58

3 ① ㋐ 15.6　㋑ 10
㋒ 10　㋓ $\frac{1}{10}$
② ㋐ 100　㋑ 100
㋒ 19.62　㋓ $\frac{1}{100}$

4 ① 12.6　② 68
③ 32.58　④ 14.42
⑤ 117.6　⑥ 614.2
⑦ 44.4　⑧ 117.78

P.48　ステップ

1 ① 19.5　② 1.95

2 ① 74.4　② 7.44

3 ① 1.08　② 21.8
③ 7.49

4 ○がつくもの
①、③

5 式 1.5 × 8 = 12
答え 12m

6 式 8.5 × 12 = 102
答え 102km

7 式 18.8 × 6 = 112.8
答え 112.8g

8 式 0.35 × 1.8 = 6.3
答え 6.3L

P.50 たしかめ

1 ① 0.8 ② 3.6

2 ① 31.5 ② 28.8
③ 461.7 ④ 112.2
⑤ 21.56 ⑥ 45.27

3 ① 49.2 ② 4.92

4 ① 115.2 ② 24.48 ③ 74.9

5 式 1.6 × 9 = 14.4
答え 14.4m

6 式 2.4 × 18 = 43.2
答え 43.2kg

小数のわり算

P.52 チェック

1 ① 8.5 ② 3.2 ③ 0.06

2 ① 3.7 ② 5.3 ③ 5.2

3 ① 1あまり3.2 ② 2あまり2.5

4 ① 8.4 ② 4.5 ③ 7.5

5 式 13.2 ÷ 4 = 3.3
答え 3.3L

6 式 12 ÷ 5 = 2.4
答え 2.4倍

P.54 ホップ

1 ① 0.9 ② 1.9 ③ 1.6

2 ① 0.6 ② 0.5 ③ 0.5
④ 1.6 ⑤ 8.5 ⑥ 7.2

3 ① 1あまり1.6 ② 1あまり3.3
③ 8あまり8.5 ④ 4あまり4.6
⑤ 1あまり19.4 ⑥ 1あまり4.9
⑦ 1あまり16.2 ⑧ 2あまり13.7

P.56 ステップ

1 ① 1.9 ② 4.5 ③ 3.4
④ 3.3 ⑤ 2.2

2 式 1350 ÷ 600 = 2.25
答え 2.25倍

3 式 60 ÷ 25 = 2.4
答え 2.4倍

4 式 16.5 ÷ 3 = 5あまり1.5
答え 5本とれて1.5mあまる

5 式 76 ÷ 8 = 9.5
答え 9.5km

P.58 たしかめ

1 ① 6.7 ② 4.1
③ 0.08

2 ① 2.7 ② 6.4 ③ 1.9

3 ① 1あまり1.9 ② 2あまり3.3

4 ① 6.4 ② 6.5 ③ 5.5

5 式 11.5 ÷ 5 = 2.3
答え 2.3L

6 式 10 ÷ 4 = 2.5
答え 2.5倍

式と計算

P.60 チェック

1 ① 8
② 50
③ 81
④ 3
⑤ 50

2 ① 23
② 5
③ 70
④ 29
⑤ 11

3 ① 42
② 50
③ 32
④ 16
⑤ 70

4 ① ㋐ 63 + 37 ㋑ 78 ㋒ 178
② ㋐ 2.4 + 1.6 ㋑ 8 ㋒ 32
③ ㋐ 100 − 3 ㋑ 6 ㋒ 600
㋓ 18 ㋔ 582

5 式 (60 + 20) × 7 = 80 × 7 = 560
答え 560円

P.62　ホップ

1 ①　㋑
　②　㋘、㋘、㋒
　③　㋖、㋗

2 ①　㋐　14　　㋑　29
　②　㋐　35　　㋑　15
　③　㋐　45　　㋑　32　　㋒　13
　④　㋐　14　　㋑　22　　㋒　25

3 ①　50
　②　35
　③　66
　④　3

4 ①　48
　②　20
　③　60
　④　86

5 ①　60
　②　35
　③　36
　④　37

P.64　ステップ

1 ①　159　　②　165
　③　70　　④　25
　⑤　$(100-4)\times 8=800-32$
　　　$=768$
　⑥　$(100+2)\times 24=2400+48$
　　　$=2448$
　⑦　$25\times 4\times 3=100\times 3$
　　　$=300$
　⑧　$25\times 4\times 9=100\times 9$
　　　$=900$

2 式　$100-20\times 4=20$
　答え　20円

3 式　$(150+50)\times 6=1200$
　答え　1200円

4 式　$120-25\times 3=45$
　答え　45まい

P.66　たしかめ

1 ①　13
　②　20
　③　28
　④　3
　⑤　40

2 ①　40
　②　40
　③　77
　④　36
　⑤　33

3 ①　44
　②　9
　③　31
　④　9
　⑤　100

4 ①　㋐ $47+53$　　㋑　89　　㋒　189
　②　㋐ $5.6+3.4$　　㋑　9　　㋒　81
　③　㋐ $100-1$　　㋑　7　　㋒　700
　　㋓ 7　　㋔　693

5 $(70+30)\times 7=100\times 7=700$
　答え　700円

分数

P.68　チェック

1 ㋐　$\frac{1}{5}$　　㋑　$1\frac{3}{5}$

2 ①　$2\frac{1}{3}$　　②　3
　③　$\frac{11}{6}$　　④　$\frac{17}{5}$

3 (例) ①　$\frac{2}{4}$、$\frac{3}{6}$　　②　$\frac{2}{6}$、$\frac{3}{9}$

4 ①　$\frac{14}{9}$、$1\frac{4}{9}$、$\frac{5}{9}$
　②　$\frac{2}{3}$、$\frac{2}{5}$、$\frac{2}{7}$

5 ①　$\frac{8}{7}\left(1\frac{1}{7}\right)$　　②　$\frac{8}{9}$
　③　$4\frac{4}{5}$　　④　$2\frac{4}{6}$
　⑤　$4\frac{2}{4}$　　⑥　$1\frac{2}{3}$
　⑦　5　　⑧　$2\frac{3}{5}$
　⑨　$6\frac{4}{9}$　　⑩　$1\frac{6}{7}$

P.70　ホップ

1 ㋐　$\frac{5}{6}$　　㋑　$\frac{10}{6}$、$1\frac{4}{6}$
　㋒　$\frac{6}{4}$、$1\frac{2}{4}$　　㋓　$\frac{13}{4}$、$3\frac{1}{4}$

2 ①　$2\frac{1}{7}$　　②　4　　③　$1\frac{4}{9}$

④ $\frac{15}{4}$　⑤ $\frac{5}{3}$　⑥ $\frac{14}{5}$

⑦ 5　⑧ $3\frac{4}{5}$　⑨ $\frac{17}{6}$

3 ① 2、3
② 2、3
③ 2、3

4 ① $\frac{8}{3}$、$2\frac{1}{3}$、$1\frac{2}{3}$

② $3\frac{4}{5}$、$\frac{17}{5}$、$3\frac{1}{5}$

③ $\frac{2}{7}$、$\frac{2}{8}$、$\frac{2}{9}$

④ $\frac{3}{4}$、$\frac{3}{7}$、$\frac{3}{8}$

5 ① ＜　② ＝

P.72 ステップ

1 ① 5　② 11

③ $4\frac{13}{9}$　④ $1\frac{11}{8}$

⑤ $3\frac{9}{7}$　⑥ $5\frac{6}{5}$

2 ① $\frac{15}{9}\left(1\frac{6}{9}\right)$　② $\frac{10}{8}\left(1\frac{2}{8}\right)$

③ $\frac{10}{5}=2$　④ $\frac{21}{7}=3$

⑤ $5\frac{3}{5}$　⑥ $3\frac{11}{12}$

3 ① $\frac{7}{5}\left(1\frac{2}{5}\right)$　② $\frac{7}{3}\left(2\frac{1}{3}\right)$

③ $\frac{6}{6}=1$　④ $\frac{6}{2}=3$

⑤ $1\frac{2}{4}$　⑥ $2\frac{4}{6}$

4 ① $2\frac{1}{3}$　② $5\frac{4}{7}$

③ 5　④ $1\frac{2}{3}$

⑤ $3\frac{4}{8}$　⑥ $1\frac{1}{6}$

P.74 たしかめ

1 ㋐ $\frac{3}{5}$　㋑ $\frac{9}{5}$

2 ① $3\frac{2}{3}$　② 4

③ $\frac{10}{7}$　④ $\frac{19}{6}$

3 ① $\frac{2}{8}$、$\frac{3}{12}$　② $\frac{2}{10}$、$\frac{3}{15}$

4 ① $\frac{12}{7}$、$1\frac{4}{7}$、$\frac{6}{7}$

② $\frac{2}{5}$、$\frac{2}{7}$、$\frac{2}{9}$

5 ① $\frac{10}{7}\left(1\frac{3}{7}\right)$　② $\frac{7}{9}$

③ $3\frac{3}{5}$　④ $2\frac{6}{8}$

⑤ $3\frac{6}{11}$　⑥ $2\frac{3}{4}$

⑦ 4　⑧ $1\frac{4}{5}$

⑨ $6\frac{4}{8}$　⑩ $\frac{5}{9}$

角

P.76 チェック

1 ① 90　② 180

2 ① 50°　② 120°

3 ① 45°　② 110°

4 あ 60°　い 30°
う 45°　え 45°

5 ①　②

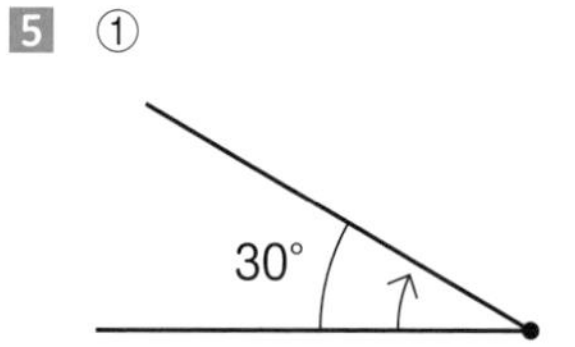

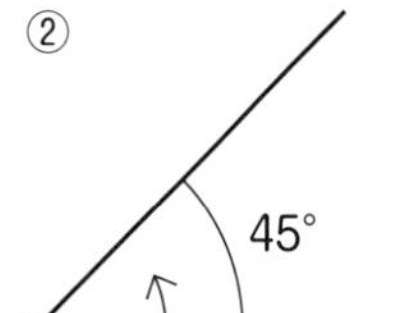

6 ① 式　180 + 20 = 200　200°
② 式　360 − 50 = 310　310°

7 あ 75°　い 135°
う 15°　え 45°

P.78 ホップ

1 ① 90　② 180
③ 270　④ 360

2 ① 45°　② 120°
③ 160°　④ 90°

3 ① 30°　② 130°
③ 240°　④ 320°

4 あ 90°　い 45°　う 45°
え 30°　お 90°　か 60°

P.80 ステップ

1 ①　②

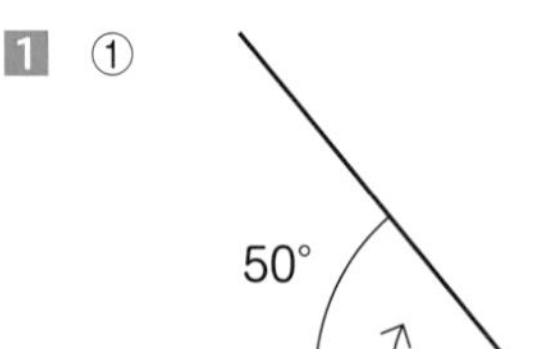

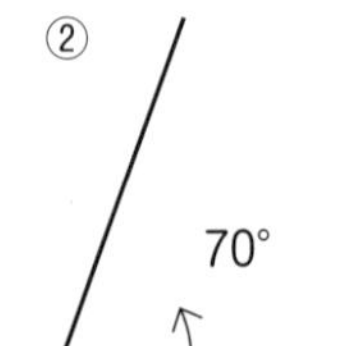

③　④

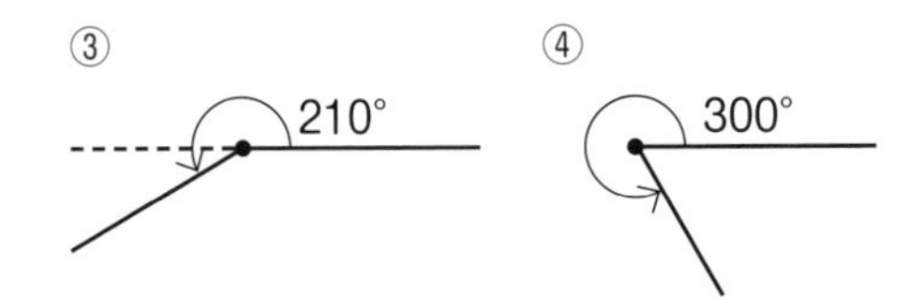

2　①　式　180 + 30 = 210
　　答え　210°
②　式　180 − 70 = 110
　　答え　110°
③　式　360 − 30 = 330
　　答え　330°
④　式　180 − 40 = 140
　　答え　140°

3　①　㋐　75°　　㋑　90°
②　㋒　120°　　㋓　135°
③　㋔　60°　　㋕　135°
④　㋖　15°　　㋗　45°

P.82　たしかめ

1　①　90　　②　360
2　①　60°　　②　130°
3　①　40°　　②　100°
4　㋐　45°　　㋑　45°
㋒　30°　　㋓　60°

5　①　②

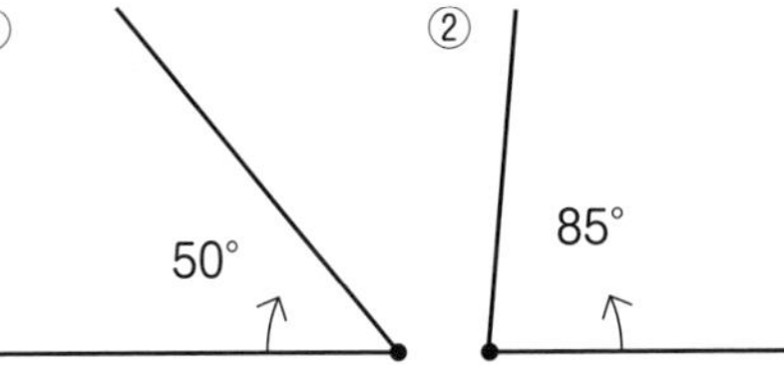

6　①　式　180 − 70 = 110
　　答え　110°
②　式　180 − 40 = 140
　　答え　140°

7　㋐　15°　　㋑　45°
㋒　135°　　㋓　75°

垂直と平行と四角形

P.84　チェック

1　①　㋔、㋕
②　㋑
③　角A 60°、角B 60°、角C 120°

2　①　②

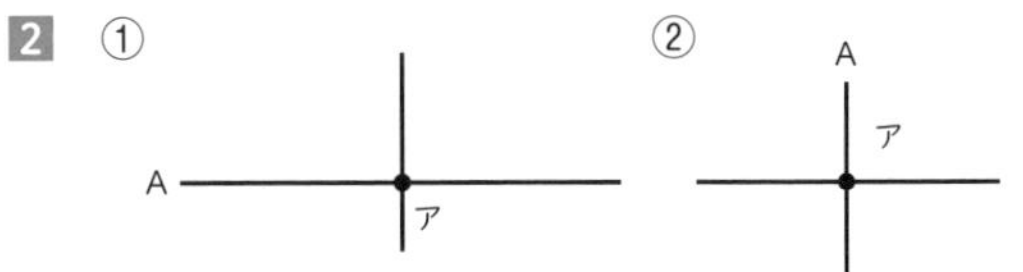

3　①　②

A　ア　A　ア

4　①　㋓、㋔
②　㋑、㋒、㋓、㋔
③　㋑、㋒、㋓、㋔
④　㋒、㋔

5　省略

P.86　ホップ

1　①　㋓、㋕
②　㋐と㋒、㋔と㋖、㋓と㋕
③　A、C

2　①　○　　②　×　　③　○
④　×　　⑤　×

3　①　②

A　ア　A　ア

③　④

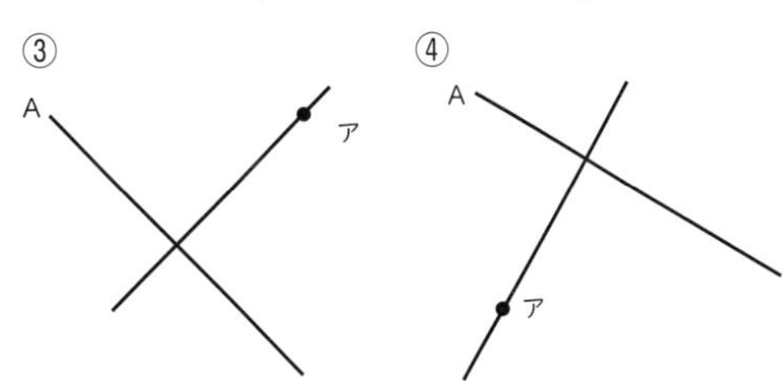

4　①　②　③　④

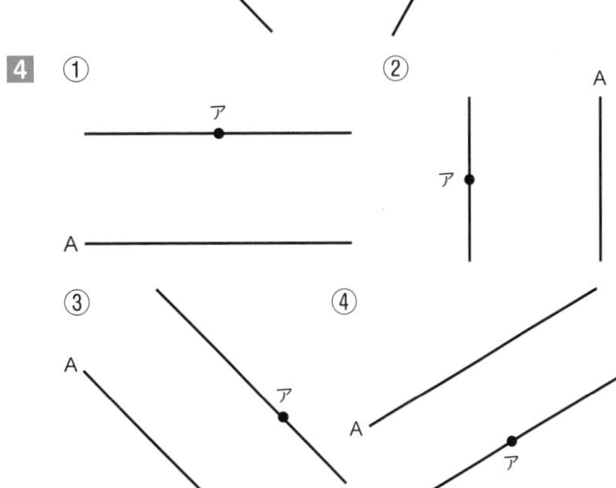

P.88　ステップ

1　①

㋐ 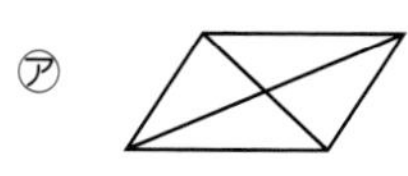

㋑ 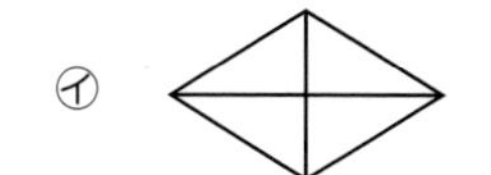

㋒ 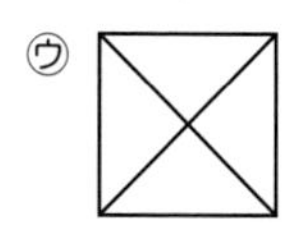

㋓ 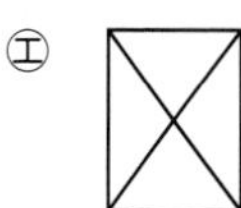

㋔ 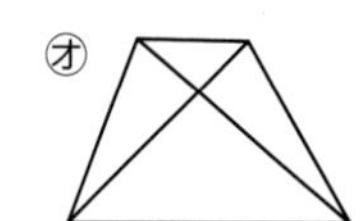

②　㋐　平行四辺形　　㋑　ひし形
　　㋒　正方形　　　㋓　長方形
　　㋔　台形

③　正方形、長方形

④　正方形、ひし形

⑤　正方形、ひし形

⑥　正方形、長方形、平行四辺形、ひし形

2　省略

P.90　たしかめ

1　①　㋔、㋕

②　㋑

③　角A　70°、角B　110°、角C　70°

2　①

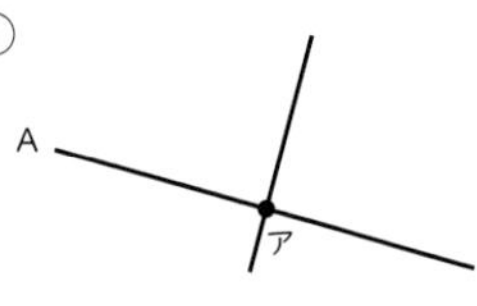

②

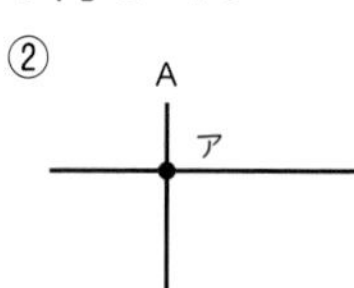

3　①

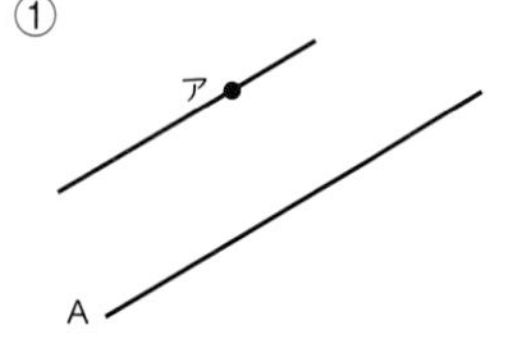

②

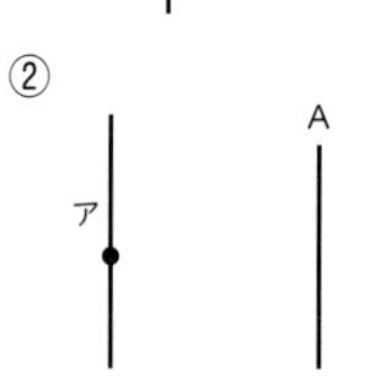

4　①　ⓤ、ⓞ

②　ⓘ、ⓤ、ⓔ、ⓞ

③　ⓔ、ⓞ

④　ⓘ、ⓤ、ⓔ、ⓞ

5　省略

立体

P.92　チェック

1　①　㋐　辺　　㋑　面　　㋒　ちょう点

②　ⓐ　立方体
　　ⓘ　直方体

③　㋐　12、㋑　6、㋒　8

2

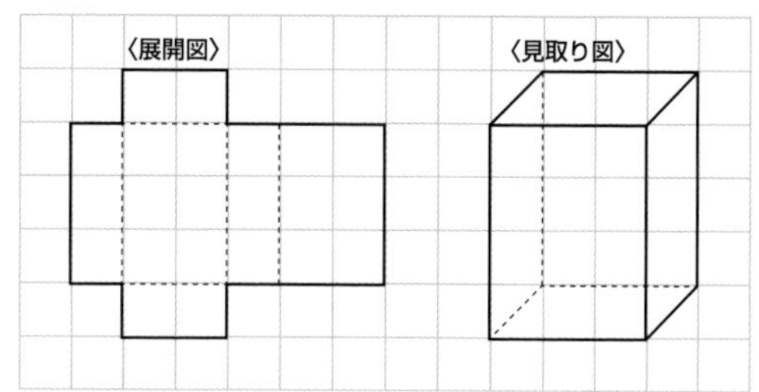

3　①　面アイキカ、面エアカケ
　　面ウエケク、面イウキク

②　面アイウエ

③　辺アカ、辺イキ
　　辺ウク、辺エケ

④　4本

P.94　ホップ

1　①　㋐　面　　㋑　辺　　㋒　ちょう点

②　㋐　6　　㋑　12　　㋒　8

2

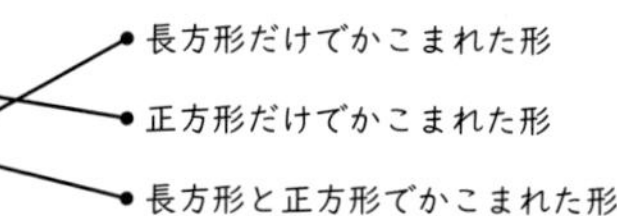

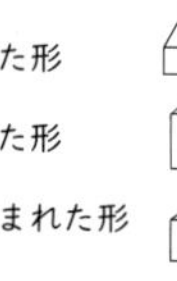

3　①　直方体

②　3組

4　①　②

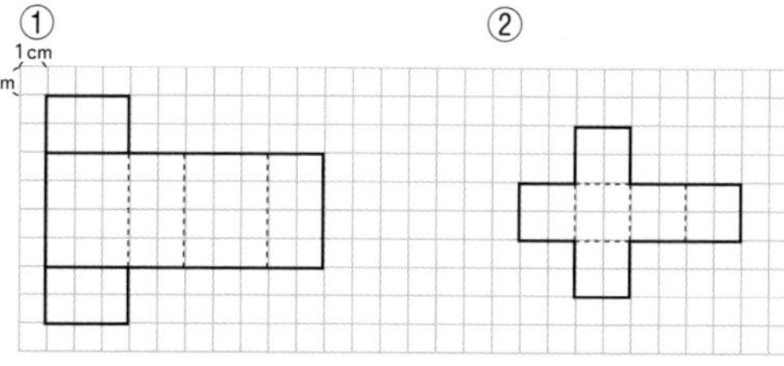

5

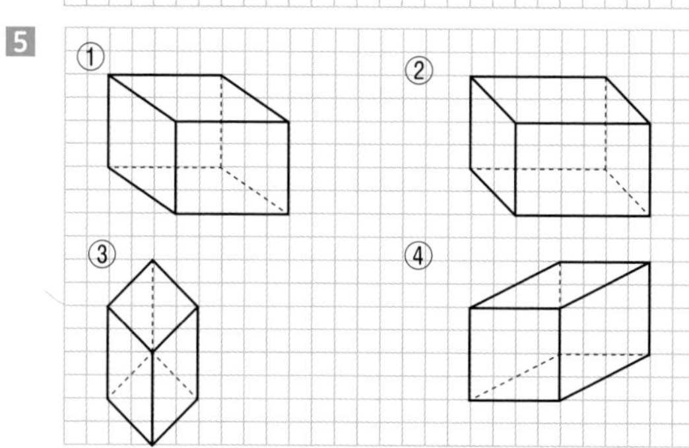

P.96　ステップ

1　①　アカキイ、イキクウ、
　　ウクケエ、エケカア

②　カキクケ

③　アイキカ、エウイア
　　ケクウエ、カキクケ

④　アカエケ

2 ① ㋕
② ㋓
3 ① アカ、イキ
ウク、エケ
② アカ、イキ、ウイ、エア
③ エウ、ケク、カキ
④ イア、イウ、キカ、キク
4 ① セウ、サカ、コキ
② ㋑、㋓

P.98 たしかめ
1 ① ㋐ 辺
㋑ 面
㋒ ちょう点
② ㋐ 立方体
㋑ 直方体
③ 12、6、8
2

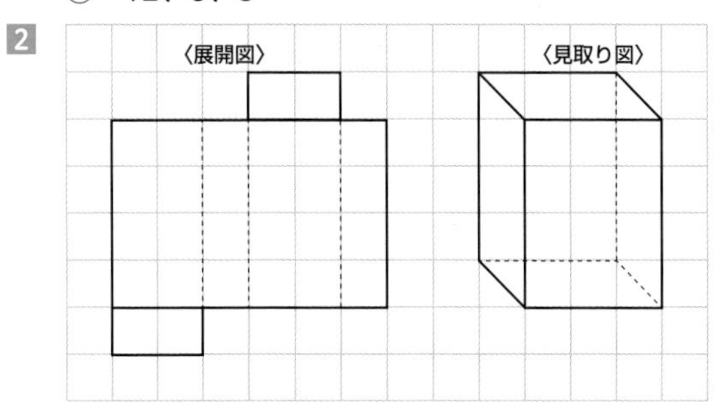

3 ① 面アイキカ、面イウクキ
面ウエケク、面エアカケ
② 面カキクケ
③ 辺アカ、辺イキ
辺ウク、辺エケ
④ 4本

面積

P.100 チェック
1 ㋐ $3cm^2$ ㋑ $4cm^2$
㋒ $5cm^2$ ㋓ $2cm^2$
2 ① 式 $6 \times 9 = 54$
答え $54cm^2$
② 式 $5 \times 5 = 25$
答え $25cm^2$
③ 式 $12 \times 12 = 144$
答え $144m^2$
3 ① 10000
② a
③ h a
④ km^2
4 ① 例 $5 \times 10 - 2 \times 6 = 38$
答え $38cm^2$
② 例 $6 \times 8 - 3 \times 4 = 36$
答え $36cm^2$
③ 式 $30 \times 20 = 600$
答え $600m^2$、6 a

P.102 ホップ
1 ① たて、横
② 一辺、一辺
2 ㋐ $5cm^2$ ㋑ $3cm^2$
㋒ $4cm^2$ ㋓ $1cm^2$
3 ① 式 $5 \times 8 = 40$
答え $40cm^2$
② 式 $7 \times 6 = 42$
答え $42m^2$
4 ① 式 $4 \times 4 = 16$
答え $16cm^2$
② 式 $8 \times 8 = 64$
答え $64m^2$
5 式 $\square \times 6 = 24$
$\square = 24 \div 6$
$\square = 4$
答え 4cm
6 式 $8 \times \square = 40$
$\square = 40 \div 8$
$\square = 5$
答え 5cm

P.104 ステップ
1 ㋐ m^2 ㋑ a ㋒ ha ㋓ km^2
2 1m = 100cm だから
式 $100 \times 100 = 10000$
答え $10000cm^2$
3 式 $20 \times 30 = 600$
$600 \div 100 = 6$
答え $600m^2$、6 a
4 式 $100 \times 300 = 30000$
$30000 \div 10000 = 3$
答え $30000m^2$、3ha
5 ① 例 $6 \times 8 - 2 \times 5 = 38$
答え $38cm^2$
② 例 $5 \times 10 - 3 \times 4 = 38$
答え $38cm^2$

6 ① 式 $6 \times 12 - 2 \times 6 = 60$
答え $60cm^2$
② 式 $5 \times 8 - 2 \times 4 = 32$
答え $32cm^2$

P.106 たしかめ

1 あ $4cm^2$ い $1cm^2$
う $3cm^2$ え $3cm^2$

2 ① 式 $4 \times 10 = 40$
答え $40cm^2$
② 式 $6 \times 6 = 36$
答え $36cm^2$
③ 式 $15 \times 15 = 225$
答え $225m^2$

3 ① 10000
② a
③ ha
④ km^2

4 ① 例 $6 \times 9 - 2 \times 4 = 46$
答え $46cm^2$
② 例 $6 \times 10 - 2 \times 6 = 48$
答え $48cm^2$
③ 式 $20 \times 40 = 800$
答え $800m^2$、8 a

折れ線グラフ

P.108 チェック

1 ① 午後2時、35度
② 午後3時、28度
③ 午前10時から午前11時まで
④ 6度
⑤ 午後2時、8度

2 ①

		トマト		合計
		好き	きらい	
セロリ	好き	8	5	13
	きらい	6	5	11
合計		14	10	24

② 8人
③ 13人

P.110 ホップ

1 ① 教室の温度
② 横じく　時こく
たてじく　温度
③ 午後2時　25度
④ 午前12時〜午後1時
(午後0時)

2 ①②

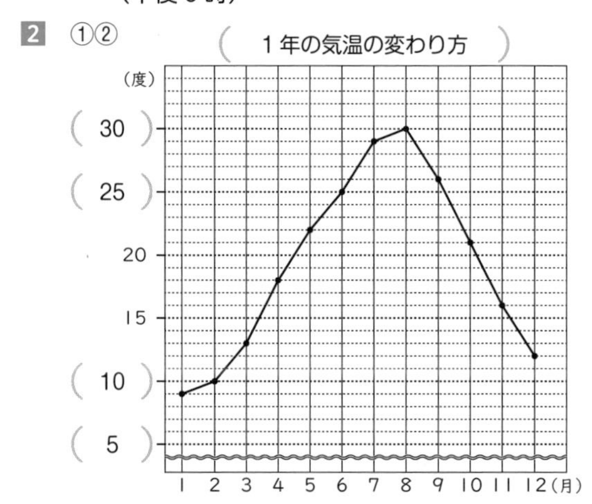

③ 3月から4月

P.112 ステップ

1

	すりきず		打ぼく		つき指		計
1年	下	3					3
2年					T	2	2
3年	一	1	一	1			2
4年	T	2	T	2			4
5年	T	2	一	1	T	2	5
6年	T	2	一	1	一	1	4

(正の字はなくてもよい)

2 ①

		にんじん		合計
		好き	きらい	
たまねぎ	好き	5	7	12
	きらい	3	5	8
合計		8	12	20

② 5人
③ 8人

P.114　たしかめ

1
① 午後２時、35度
② 午後３時、28度
③ 午前９時から午前10時
④ ５度
⑤ 午後２時、８度

2 ①

		ゴーヤ		合計
		好き	きらい	
ピーマン	好き	5	7	12
	きらい	8	4	12
合計		13	11	24

② ５人
③ 13人

P.116　発展問題　面積１

① 式　$6 \times 10 - 1 \times 10 = 50$
答え　50cm^2
② 式　$6 \times 10 - 6 \times 1 - 1 \times 6 = 48$
答え　48cm^2
③ 式　例　$6 \times 10 - 1 \times 6 - 6 \times 1 = 44$
$1 \times 1 = 1$（□が重なった分）
$44 + 1 = 45$
答え　45cm^2
④ 式　例　$4 \times 6 + 5 \times 6 = 54$
$2 \times 2 = 4$（■が重なった分）
$54 - 4 = 50$
答え　50cm^2

P.117　発展問題　面積２

1 式　$100 \div 4 = 25$
$25 \times 25 = 625$
答え　たて、横25m、625m^2
（まわりの長さが同じ四角形で面積がいちばん大きくなるのは正方形だから、÷４をする）

2 $20 \div 4 = 5$
$5 \times 5 = 25$
答え　25cm^2

P.118　発展問題　立体１

☆
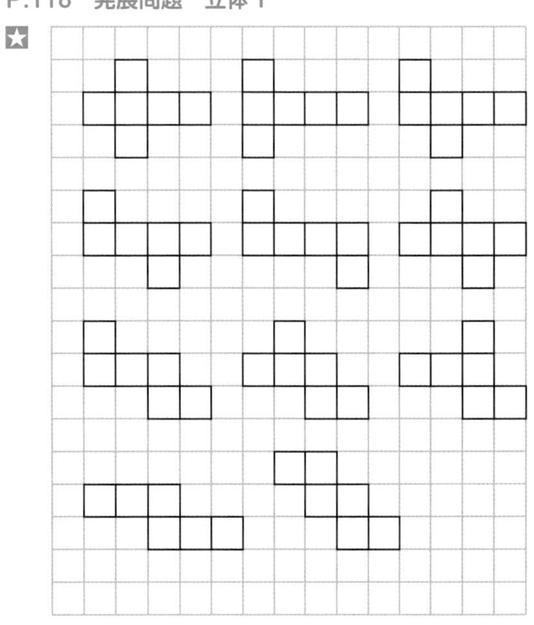

P.119　発展問題　立体２

☆ ①
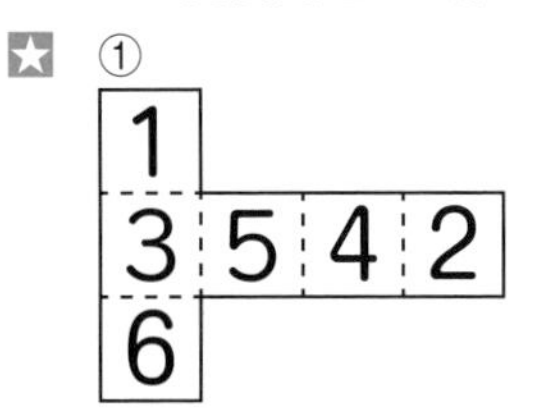

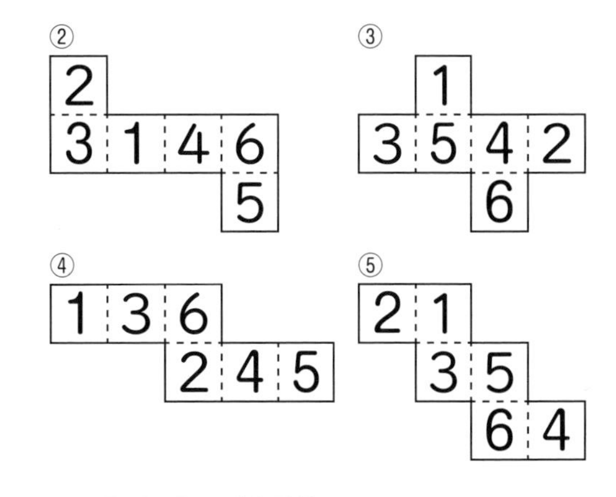

P.120　発展問題　式と計算１

例
３を２つ使って作ることができる数は
$3 + 3 = 6$、$3 - 3 = 0$、$3 \times 3 = 9$、$3 \div 3 = 1$
つまり０、１、６、９の４パターン。
これを使って、３、４以外ができます。
$1 = 1 \times 1 = (3 \div 3) \times (3 \div 3)$
$2 = 1 + 1 = (3 \div 3) + (3 \div 3)$
３と４は、下に説明

5 = 6 − 1 = (3 + 3) − (3 ÷ 3)
6 = 6 × 1 = (3 + 3) × (3 ÷ 3)
7 = 6 + 1 = (3 + 3) + (3 ÷ 3)
8 = 9 − 1 = (3 × 3) − (3 ÷ 3)
9 = 9 × 1 = (3 × 3) × (3 ÷ 3)

残りは3と4。
3 = 9 ÷ 3 = (3 + 3 + 3) ÷ 3
4 = 12 ÷ 3 = (3 + 3 + 3 + 3) ÷ 3 = (3 × 3 + 3) ÷ 3

P.121　発展問題　式と計算2

例
1 = 4 ÷ 4 × 4 ÷ 4
2 = (4 ÷ 4) + (4 ÷ 4)
3 = (4 + 4 + 4) ÷ 4
4 = (4 − 4) × 4 + 4
5 = (4 × 4 + 4) ÷ 4
6 = 4 + (4 + 4) ÷ 4
7 = 4 + 4 − (4 ÷ 4)
8 = 4 × 4 ÷ 4 + 4
9 = 4 + 4 + (4 ÷ 4)

P.122　発展問題　式と計算3

1 ① 3、3、300
② 25 × 4 × 4 = 400
③ 25 × 4 × 6 = 600
④ 25 × 4 × 9 = 900

2 ① 9、270
② 35 × 2 × 7 = 490
③ 35 × 2 × 8 = 560
④ 45 × 2 × 6 = 540

P.123　発展問題　式と計算4

☆ ① 26　② 48
③ 180 ÷ 30 = 6　④ 240 ÷ 30 = 8
⑤ 400 ÷ 50 = 8　⑥ 300 ÷ 50 = 6
⑦ 420 ÷ 70 = 6　⑧ 840 ÷ 70 = 12

P.124　発展問題　わり算

☆
①
```
       76
74)5529
   518
    449
    444
      5
```
②
```
       76
36)2738
   252
    218
    216
      2
```
③
```
       28
97)2719
   194
    779
    776
      3
```
④
```
       56
93)5213
   465
    563
    558
      5
```
⑤
```
       62
83)5149
   498
    169
    166
      3
```
⑥
```
       69
76)5247
   456
    687
    684
      3
```

P.125　発展問題　角

☆ ① ㋐ 60°　㋑ 120°　㋒ 60°
㋓ 75°　㋔ 105°　㋕ 90°
㋖ 90°　㋗ 45°　㋘ 135°
② 540°

学力の基礎をきたえどの子も伸ばす研究会

HPアドレス　http://gakuryoku.info/
常任委員長　岸本ひとみ
事務局　〒675-0032 加古川市加古川町備後 178-1-2-102 岸本ひとみ方　☎-Fax 0794-26-5133

① めざすもの

私たちは、すべての子どもたちが、日本国憲法と子どもの権利条約の精神に基づき、確かな学力の形成を通して豊かな人格の発達が保障され、民主平和の日本の主権者として成長することを願っています。しかし、発達の基礎ともいうべき学力の基礎を鍛えられないまま落ちこぼれている子どもたちが普遍化し、「荒れ」の情況があちこちで出てきています。

私たちは、「見える学力、見えない学力」を共に養うこと、すなわち、基礎の学習をやり遂げさせることと、読書やいろいろな体験を積むことを通して、子どもたちが「自信と誇りとやる気」を持てるようになると考えています。

私たちは、人格の発達が歪められている情況の中で、それを克服し、子どもたちが豊かに成長するような実践に挑戦します。

そのために、つぎのような研究と活動を進めていきます。

① 「読み・書き・計算」を基軸とした学力の基礎をきたえる実践の創造と普及。
② 豊かで確かな学力づくりと子どもを励ます指導と評価の研究。
③ 特別な力量や経験がなくても、その気になれば「いつでも・どこでも・だれでも」ができる実践の普及。
④ 子どもの発達を軸とした父母・国民・他の民間教育団体との協力、共同。

私たちの実践が、大多数の教職員や父母・国民の方々に支持され、大きな教育運動になるような地道な努力を継続していきます。

② 会　　員

・本会の「めざすもの」を認め、会費を納入する人は、会員になることができる。
・会費は、年4000円とし、7月末までに納入すること。①または②

①郵便番号　口座振込　00920-9-319769
名　　称　学力の基礎をきたえどの子も伸ばす研究会

②ゆうちょ銀行
店番099　店名〇九九店（ゼロキュウキュウ）　当座0319769

・特典　研究会をする場合、講師派遣の補助を受けることができる。
大会参加費の割引を受けることができる。
学力研ニュース、研究会などの案内を無料で送付してもらうことができる。
自分の実践を学力研ニュースなどに発表することができる。
研究の部会を作り、会場費などの補助を受けることができる。
地域サークルを作り、会場費の補助を受けることができる。

③ 活　　動

全国家庭塾連絡会と協力して以下の活動を行う。

・全国大会　全国の研究、実践の交流、深化をはかる場とし、年1回開催する。通常、夏に行う。
・地域別集会　地域の研究、実践の交流、深化をはかる場とし、年1回開催する。
・合宿研究会　研究、実践をさらに深化するために行う。
・地域サークル　日常の研究、実践の交流、深化の場であり、本会の基本活動である。可能な限り月1回の月例会を行う。
・全国キャラバン　地域の要請に基づいて講師派遣をする。

全国家庭塾連絡会

① めざすもの

私たちは、日本国憲法と教育基本法の精神に基づき、すべての子どもたちが確かな学力と豊かな人格を身につけて、わが国の主権者として成長することを願っています。しかし、わが子も含めて、能力があるにもかかわらず、必要な学力が身につかないままになっている子どもたちがたくさんいることに心を痛めています。

私たちは学力研が追究している教育活動に学びながら、「全国家庭塾連絡会」を結成しました。

この会は、わが子に家庭学習の習慣化を促すことを主な活動内容とする家庭塾運動の交流と普及を目的としています。

私たちの試みが、多くの父母や教職員、市民の方々に支持され、地域に根ざした大きな運動になるよう学力研と連携しながら努力を継続していきます。

② 会　　員

本会の「めざすもの」を認め、会費を納入する人は会員になれる。
会費は年額1500円とし（団体加入は年額3000円）、8月末までに納入する。
会員は会報や連絡交流会の案内、学力研集会の情報などをもらえる。

事務局　〒564-0041 大阪府吹田市泉町4-29-13 影浦邦子方　☎-Fax 06-6380-0420
郵便振替　口座番号　00900-1-109969　　名称　全国家庭塾連絡会

ぎゃくてん！ 算数ドリル　小学４年生

2022年４月20日　発行

●著者／金井 敬之
●発行者／面屋 尚志
●発行所／フォーラム・A
〒530-0056 大阪市北区兎我野町15-13-305
TEL／06-6365-5606　FAX／06-6365-5607
振替／00970-3-127184

●印刷・製本／株式会社 光邦
●デザイン／有限会社ウエナカデザイン事務所
●制作担当編集／藤原 幸祐
●企画／清風堂書店
●HP／http://foruma.co.jp/
※乱丁・落丁本はおとりかえいたします。